칼로리를 조절하는
똑똑한
레시피

중앙books
JoongAng Ilbo

맛과 칼로리,
두 마리 토끼를 모두 잡으세요!

요리를 하는 사람이라면 누구나 사랑하는 가족들에게 보다 맛있는 음식을 만들어주고 싶다는 마음을 가지게 되죠. 하지만 '맛'이 좋은 음식만 찾다보면 정작 중요한 영양과 칼로리의 균형이 깨지기 쉬워요. 요즘 인기 있는 대부분의 요리책들은 무조건 쉽고 빠르게 음식을 만들어내는 데에 치중하고 있어요. 칼로리가 나와 있는 몇 안 되는 요리책의 경우에도 요리의 총 칼로리만 대략적으로 나와 있어서 그 음식의 어떤 재료가 칼로리가 높은지, 레시피를 따라 요리를 하기 전에 어떻게 하면 칼로리를 낮추어 요리할 수 있는지, 마음껏 넣고 싶은 재료가 있을 때 칼로리는 어떻게 달라지는지 알 수가 없어서 답답할 때가 많았어요.

물론 요리를 할 때마다 매번 영양소와 칼로리를 고려하여 요리를 하기란 결코 쉬운 일이 아닙니다. 한 가지 요리 재료에도 수십 가지 영양소가 포함되어 있고 이들이 우리 몸 안에서 쓰이는 역할도 각기 다양한데, 여러 재료를 골고루 섞어 만든 음식 한 접시의 영양소와 칼로리를 따지는 일은 훨씬 더 복잡해지는 것이 당연하지요.

<칼로리를 조절하는 똑똑한 레시피>에서는 우리가 놓치기 쉬운 재료의 칼로리는 물론 요리의 맛과 영양까지 고루 갖춘 요리들을 알려드려요. 이 책에 소개된 요리들은 독자 여러분의 번거로움을 덜어드리기 위해서 주재료 뿐만 아니라 작은 양념 하나까지 전자저울로 계량하여 정확하게 칼로리를 계산하여 만들었답니다.

우리가 주로 먹는 음식들의 칼로리가 어떻게 되는지, 혹은 칼로리 조절을 위해 어떤 요리를 어떻게 만들어 먹으면 좋을지 고민될 때 꼭 도움이 되었으면 좋겠어요. 요리에 쓰인 각 재료와 양념의 칼로리를 숙지한다면 음식을 만들 때 칼로리가 많이 나가는 재료는 적게, 칼로리가 부담 없는 재료라면 양껏 많이 넣어 요리할 수 있답니다. 물론 외식 메뉴를 고를 때에도 현명한 선택을 할 수 있을 거예요.

'맛과 영양이 가득한' 음식을 만드는 사람이 되길 바라시는 마음에서 '풀티엔(full Taste & Nutrition)'이라는 멋진 이름을 지어주신 아버지와 네 번째 책이 완성되기까지 많은 도움을 주신 어머니께 낳으시고 키워주신 은혜와 더불어 감사드립니다.

2010년 4월 풀티앤 김미경

CONTENTS

PART 1

국물요리

PART 2
메인반찬

PART 3
밑반찬

PART 4

한그릇요리

PART 5

간식&음료

각 재료가 가진 칼로리를 1인분
기준으로 표시했어요.

이 요리의 1인분 기준
총칼로리에요.

요리가 가진 칼로리를 알기
쉽게 밥공기로 표시했어요.
밥 한공기는 약 300kcal!

칼로리를 줄일 수 있는 노하우를
알려드려요.

요리에 필요한 재료를 준비해요. 이 책에 쓰인 양념들은
집에서 흔히 사용하는 종이컵과 밥숟가락으로 계량했어요.
컵 단위는 종이컵으로 1컵, 1/2컵, 1/3컵 등으로 계량하여
넣었고, 밥숟가락은 1이 1숟가락 기준으로 계량하였고
계량법과 어림치는 다음과 같아요.

액체 숟가락에 액체 조미료를 따랐을 때 넘치지 않을 정도로 담아진 양
올리브유, 포도씨유, 참기름 등 오일류 1숟가락 6g
물, 간장, 식초, 레몬즙, 맛술 등 액체류 1숟가락 10g
물엿, 올리고당 1숟가락 8g

가루 조미료를 한 숟가락 푼 다음 너무 볼록하게 올라오지 않을 정도로 살살 흔들어 깎아준 양
설탕 1숟가락 8g
소금, 녹말가루 1숟가락 6g
볶은깨, 고춧가루 1숟가락 4g

장류 및 기타 숟가락으로 너무 볼록하지 않게 적당히 한 숟가락 푹 푼 양
고추장, 된장 1숟가락 14g
다진마늘 1숟가락 10g
다진파 1숟가락 4g

이 책을 **활용하는** 방법

이 책은 매일 먹는 밥에 반찬을 조합하여 이상적인 칼로리 식단을 짤 수 있도록 구성되어 있습니다.
내가 섭취하고자 하는 칼로리에 맞게 먼저 국물요리(파트1), 메인반찬(파트2), 밑반찬(파트3)을
선택하여 조합합니다. 그리고 이 반찬들과 함께 주식인 밥(300Kcal)을 추가하면 되는 것이지요.
혹은 한그릇요리(파트4)를 선택하고 먹고자 하는 칼로리가 초과되지 않도록
국물요리(파트1)와 반찬(파트2, 파트3)을 곁들입니다. 요리에 쓰인 각 재료와 양념의 칼로리까지 정확하게 계산했으니,
원하는 칼로리에 맞춰 재료를 가감하여 조절할 수 있어요.

중요한 것은 반찬의 수가 아닌 칼로리!

파트 1의 국물요리

파트 2의 메인반찬

밥 300 Kcal

파트 3의 밑반찬

파트 4의 한그릇요리

파트 1의 국물요리

파트 3의 밑반찬

칼로리란?
칼로리란 물의 온도를 올리는 데 필요한 열량이에요. 1g의
물의 온도를 1°올리는 데 필요한 열량이 1cal이며, 1,000cal
가 1Kcal지요. 우리가 먹는 것들에 들어 있는 단백질, 탄수
화물, 지방이 칼로리를 가지고 있어요. 우리 몸이 소화시키
는 효율을 감안하여 각각의 칼로리를 계산해 보면, 각각 g당
탄수화물 4Kcal, 단백질 4Kcal, 지방 9Kcal에요. 알코올은
g당 7Kcal의 칼로리를 낸다고 해요. 맥주를 많이 마시면 배
가 나온다든가, 술자리가 많으면 술살이 찌는 이유, 아시겠
죠? 물론 안주도 살찌는 데 한몫하는 건 물론이고요!

나에게 필요한 칼로리 계산하기

나에게 하루동안 필요한 칼로리는 얼마일까요?
하루에 필요한 칼로리는 남자와 여자, 나이, 체중, 키, 활동량에 따라 다릅니다.
우리 몸이 기본적으로 쓰는 기초대사량도 개인차가 있고요.
이러한 요소를 고려하여 자신에게 필요한 하루 총 칼로리를 계산할 수 있답니다.
다음은 한국영양학회에서 발표한 한국인 영양섭취기준에 제시된 칼로리 계산 공식입니다.

성인 여자의 하루 필요 칼로리	성인 남자의 하루 필요 칼로리
354−6.91×연령(세)+활동량[9.36×체중(kg)+726×신장(m)] **성인 여자 활동량** 1.0(비활동적), 1.12(저활동적), 1.27(활동적), 1.45(매우 활동적)	662−9.53×연령(세)+(활동량)[15.91×체중(kg)+539.6×신장(m)] **성인 남자 활동량** 1.0(비활동적), 1.11(저활동적), 1.25(활동적), 1.48(매우 활동적)

예 32세의 활동적인 체중 55kg, 신장 160cm 여성의 하루 필요 칼로리 354−6.91X32+1.27(9.36X55+726X1.6) = 2261.908Kcal

자신이 하루에 먹는 전체 식품(세 끼 밥은 물론 간식과 음료수도 포함해야 해요)의 칼로리가 하루 필요 칼로리보다 높다면 체지방으로 쌓여서 결국 비만이 되는 것이랍니다. 물론 운동량이 많다면 문제 없겠지만요. 평균적으로 한국인의 필요 칼로리를 계산해 놓은 것도 있으니 참조하세요~

칼로리표

연령		신장(m)	체중(kg)	에너지 필요추정량 (Kcal/일)
영아	0 ~ 5 (개월)	61.9	6.5	600
	6 ~ 11	72.3	9.1	730
유아	1 ~ 2 (세)	85.9	12.2	1,000
	3 ~ 5	102	16.3	1,400
남자	6 ~ 8	122	23.8	1,600
	9 ~ 11	138	34.5	1,900
	12 ~ 14	159	49.6	2,400
	15 ~ 19	172	63.8	2,700
	20 ~ 29	173	65.8	2,600
	30 ~ 49	170	63.6	2,400
	50 ~ 64	166	60.6	2,200
	65 ~ 74	164	59.2	2,000
	75 이상	164	59.2	2,000
여자	6 ~ 8 (세)	120	22.9	1,500
	9 ~ 11	138	32.6	1,700
	12 ~ 14	155	46.5	2,000
	15 ~ 19	160	53.0	2,000
	20 ~ 29	160	56.3	2,100
	30 ~ 49	157	54.2	1,900
	50 ~ 64	154	52.2	1,800
	65 ~ 74	151	50.2	1,600
	75 이상	151	50.2	1,600
임신부				+0/340/450*
수유부				+320

BMI 22기준, BMI 계산법은
다음 페이지 참조

나는 **비만**일까, 아닐까?

혹시 '내가 비만이 아닐까' 신경 쓰인다면, 공식을 써서 계산해 볼 수 있어요.
BMI(Body Mass Index, 체질량 지수)를 구하는 것인데, 키(m)와 몸무게(kg)로 계산하지요. 이 공식은 성인에게만
해당하니 주의하세요. 체중이 과다 이상이라면, 앞에서 계산한 하루 필요 칼로리보다 적게 먹어야 해요.

BMI = 체중(kg)/신장(m)²   예 키 160cm에 몸무게 55kg이라면?
55÷(1.6)²=21.48.... 이므로 정상체중!

18.5 미만	저체중	25.0 ~ 29.9	경도 비만
18.5 ~ 22.9	정상 체중	30.0 ~ 34.9	중등도 비만
23.0 ~ 24.9	체중 과다	35 이상	고도 비만

균형 잡힌 식사란?

우리는 우리에게 필요한 각각의 영양소를 따로따로 섭취하는 것이 아니라, 여러 영양소의 합으로 이루어진
식품을 먹으며 그 식품 안에 들어있는 영양소를 섭취하고 있어요. 한국영양학회에서 발표한 식사구성안의
도움을 받아 과연 나는 식품을 다양하게 먹고 있는지, 혹은 너무 많이 먹는 것은 아닌지 체크해 볼 수 있어요.
먼저 식품을 종류별로 나누어서 한 번에 얼마나 먹으면 좋을지 알아보세요.

식품군별 대표식품의 1인 1회 분량

식품군	1인 1회 분량	
곡류 및 전분	I. 300 Kcal (주식) 밥 1공기 (210g) 국수 1대접 (또는 건면 100g) 식빵 2쪽 (100g)	II. 100 Kcal (부식) 떡 2편 (절편 50g) 밤 (대) 3개 (60g) 씨리얼 1접시 (30g)
고기, 생선, 계란, 콩류 (80Kcal)	육류 1접시 (생 60g) 닭고기 1조각 (생 60g) 생선 1토막 (생 50g) 마른콩 (20g) 두부 2조각 (80g) 달걀 1개 (50g)	
채소류 (15Kcal)	콩나물 1접시 (70g) 시금치나물 1접시 (생 70g) 배추김치 1접시 (생 40g) 오이 소박이 1접시 (생 60g) 버섯 1접시 (생 30g) 물미역 1접시 (생 30g)	
과일류 (50Kcal)	사과 1/2개 (100g) 귤 1개 (100g) 참외 1/2개 (200g) 포도 1/3송이 (100g) 오렌지 주스 1/2 컵 (100g)	
우유 및 유제품류 (125Kcal)	우유 1컵 (200g) 치즈 1장 (20g) 호상요구르트 1/2 컵 (110g) 액상 요구르트 3/4컵 (150g) 아이스크림 1/2컵 (100g)	
유지, 견과 및 당류 (45Kcal)	식용유 1 작은술 (5g) 버터 1작은술 (5g) 마요네즈 1작은술 (5g) 땅콩 (10g) 설탕 1큰술 (10g)	

다음의 권장식사패턴은 한국인의 영양섭취기준을 잘 만족시킬 수 있는 식사 구성을 알려주는 하나의 샘플이에요. 권장식사패턴에서 각 식품군을 몇 회씩 섭취하면 되는지 확인한 뒤, 식품군별대표식품의 1인 1회 분량을 참고하여 기호에 맞게 식품을 골라 세 끼로 나누어 먹으면 돼요.

소아와 청소년의 권장식사패턴

식사 패턴 kcal	1,000	1,200	1,400	1,600	1,800	2,000	2,200	2,400	2,600	2,800
곡류 및 전분류 I	1	1.5	2	2.5	3	3	3.5	4	4.5	4.5
곡류 및 전분류 II						1				1
고기, 생선, 계란, 콩류	2	2	3	3	3	4	5	5	6	6
채소류	2	3	4	4	5	5	6	6	6	7
과일류	1	1	1	2	2	2	2	2	2	3
우유 및 유제품	2	2	2	2	2	2	2	2	2	2
유지, 견과 및 당류	2	2	3	3	3	4	5	5	5	6

*하루에 우유 2컵을 마시는 것을 기준으로 식품군의 횟수를 구분했어요.

성인의 권장식사패턴

식사 패턴 kcal	1,000	1,200	1,400	1,600	1,800	2,000	2,200	2,400	2,600	2,800
곡류 및 전분류 I	1.5	2	2	2.5	3	3	3.5	4	4.5	5
곡류 및 전분류 II			1			1	1	1		
고기, 생선, 계란, 콩류	2	2	3	4	4	5	5	5	6	6
채소류	4	5	6	6	7	7	7	7	7	8
과일류	1	1	1	1	2	2	2	3	3	3
우유 및 유제품	1	1	1	1	1	1	1	1	1	1
유지, 견과 및 당류	2	3	3	3	4	4	5	5	6	6

*하루에 우유 1컵을 마시는 것을 기준으로 식품군의 횟수를 구분했어요.

주식으로 곡류 및 전분류를 먹어요.
고기, 생선, 계란, 콩류에서 단백질을 공급해주는 메인반찬을 먹어요.
비타민과 무기질은 밑반찬으로 보충해요.
과일류와 우유 및 유제품류를 후식 또는 간식으로 먹어요.
유지, 견과 및 당류는 조리 과정에 들어가므로 따로 챙겨먹지 않아도 되요.

풀티엔의 **강추 메뉴** ※표시된 칼로리는 모두 1인분 기준입니다.

본문에 소개한 메뉴를 활용하면 다양한 식단을 짤 수 있어요.
기호나 상황에 따라 자유롭게 구성해보세요.
다음은 맛과 영양, 칼로리를 고려하여 조합한 메뉴랍니다.
밥이나 빵을 추가해서 먹을 때는 300kcal를 더하세요.

Case 1 든든한 한식밥상

갈비탕과 깻잎나물볶음, 배추겉절이
갈비탕에 부족한 채소를 깻잎나물로 채워 주어요. 배추겉절이와도 잘 어울려요.

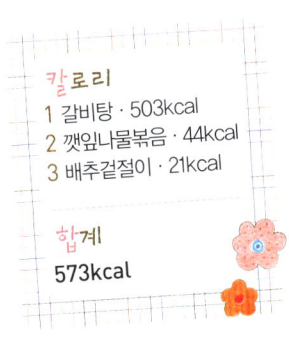

칼로리
1 갈비탕 · 503kcal
2 깻잎나물볶음 · 44kcal
3 배추겉절이 · 21kcal

합계
573kcal

궁중삼계탕과 오이영양부추생채
궁중삼계탕에 부족한 채소를 오이영양부추생채로 보충해요.
닭고기의 부드러운 질감과 오이의 아삭아삭한 질감이 잘 어울려요.

칼로리
1 궁중삼계탕 · 1471kcal
2 오이영양부추생채 · 80kcal

합계
1551kcal

단호박영양밥과 돼지목삼겹수육, 콩나물매운볶음

단호박영양밥에 단백질을 보충해 줄 돼지목삼겹수육을 곁들여요. 매콤하게 볶은 콩나물도 함께 먹으면 잘 어울려요.

칼로리
1 단호박영양밥 · 281kcal
2 돼지목삼겹수육 · 496kcal
3 콩나물매운볶음 · 41.kcal

합계
818kcal

영양쇠갈비찜과 애호박새우젓볶음

갈비찜에 부족한 채소를 애호박새우젓볶음으로 보충해요.

칼로리
1 영양쇠갈비찜 · 795kcal
2 애호박새우젓볶음 · 65kcal

합계
860kcal

매콤찹스테이크조림과 감자채피망볶음, 자몽프루츠펀치

키위의 단백질 분해효소인 액티니딘(actinidine)은 고기요리를 먹을 때 소화를 도와줘요.
쇠고기에 부족한 탄수화물을 감자채피망볶음이 채워주니 더욱 좋아요.

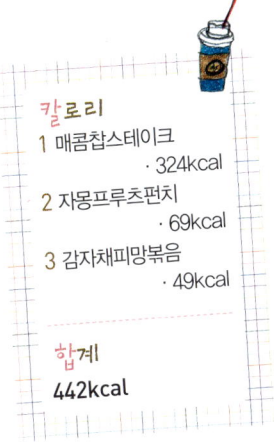

칼로리
1 매콤찹스테이크 · 324kcal
2 자몽프루츠펀치 · 69kcal
3 감자채피망볶음 · 49kcal

합계
442kcal

닭다리살두반장볶음과 가지찜나물, 우렁된장찌개

단백질 요리인 닭다리살두반장볶음엔 채소가 부족하니 가지찜나물로 채소를 보충해요.
매콤한 두반장소스 요리에는 고춧가루를 넣지 않은 구수한 된장찌개가 어울려요.

칼로리
1 닭다리살두반장볶음
· 324kcal
2 가지찜나물 · 52kcal
3 우렁된장찌개
· 167kcal

합계
543kcal

치즈불닭과 무나물볶음, 물파래초무침과 쇠갈비미역국

무의 소화 효소는 다소 부담스러울 수 있는 치즈와 닭고기의 소화를 도와 줘요.
매운 불닭으로 지친 혀에는 새콤달콤한 물파래초무침이 좋지요. 국으로는 맵지 않은 맑은 미역국이 잘 어울린답니다.

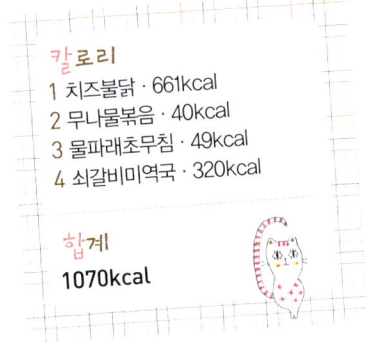

칼로리
1 치즈불닭 · 661kcal
2 무나물볶음 · 40kcal
3 물파래초무침 · 49kcal
4 쇠갈비미역국 · 320kcal

합계
1070kcal

Case 2 한 접시로 끝! 간단한 일품 요리

두반장김치볶음밥과 꼬치어묵감자국

김치볶음밥에 부족할 수 있는 단백질을 어묵이 보충해줘요.
매콤한 두반장김치볶음밥에는 맵지 않고 부드럽고 맑은 어묵감자국이 잘 어울려요.

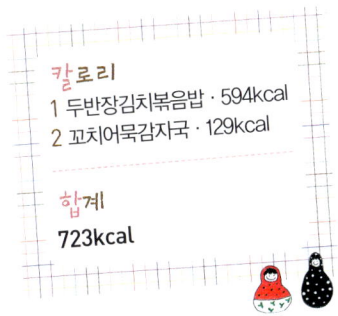

칼로리
1 두반장김치볶음밥 · 594kcal
2 꼬치어묵감자국 · 129kcal

합계
723kcal

자장덮밥과 명태알탕, 오이영양부추생채와 물파래초무침

중국음식을 먹을 때 자장을 먹을지 얼큰한 짬뽕을 먹을지 항상 고민되지 않나요?
자장덮밥을 먹을 때 얼큰한 알탕을 곁들이면 다소 기름지게 느껴지는 자장의 맛을 깔끔하게 해 줘요.
아삭아삭 씹히는 오이생채와 새콤달콤한 물파래초무침도 잘 어울려요.

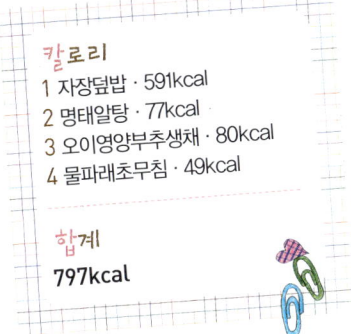

칼로리
1 자장덮밥 · 591kcal
2 명태알탕 · 77kcal
3 오이영양부추생채 · 80kcal
4 물파래초무침 · 49kcal

합계
797kcal

채소쫄면과 어묵메추리알케첩볶음
쫄면에 부족한 단백질을 보충하기 위해 어묵메추리알케첩볶음과 함께 먹어요.

칼로리
1 채소쫄면 · 837kcal
2 어묵메추리알케첩볶음 · 186kcal

합계
1023kcal

궁중떡볶음과 맛조개순두부찌개
궁중떡볶음의 밍밍한 맛을 맛조개순두부찌개가 채워줘요.

칼로리
1 궁중떡볶음 · 560kcal
2 맛조개순두부찌개 · 92kcal

합계
652kcal

베이비폭립바비큐와 통감자오븐구이, 참치김치찌개
베이비폭립바비큐에 탄수화물을 보충해 줄 수 있는 통감자구이를 곁들여요. 시원한 김치찌개도 잘 어울려요.

칼로리
1 베이비폭립바비큐 · 883kcal
2 통감자오븐구이 · 284kcal
3 참치김치찌개 · 237kcal

합계
1404kcal

해물마파두부덮밥과 고사리나물, 아몬드잔멸치볶음

해물마파두부에 부족한 섬유질을 고사리나물로 보충해요.
약간 매콤하게 느껴질 수 있는 마파두부의 맛을 고소한 고사리나물이 부드럽게 해 준답니다.
멸치볶음을 곁들여 먹으면 칼슘을 보충할 수 있고 아작아작 씹히는 질감을 줘 심심하지 않아요.

칼로리
1 해물마파두부덮밥 · 703kcal
2 고사리나물 · 42kcal
3 아몬드잔멸치볶음 · 128kcal

합계
873kcal

해물볶음짬뽕과 쑥갓두부무침

해물볶음짬뽕에 쑥갓두부무침을 곁들이면 두부의 고소한 맛이 볶음짬뽕의 매운맛을 달래 줘요.
또 쑥갓 특유의 향을 즐기면서 섬유질을 보충할 수 있지요.

칼로리
1 해물볶음짬뽕 · 770kcal
2 쑥갓두부무침 · 81kcal

합계
881kcal

해물청경채수제비와 게엿장볶음

게엿장볶음의 와작와작 씹히는 식감이 수제비의 물렁한 식감과 잘 어울려요.

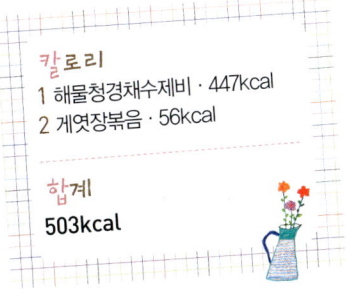

칼로리
1 해물청경채수제비 · 447kcal
2 게엿장볶음 · 56kcal

합계
503kcal

Case 3 바쁜 사람을 위한 스피드 밥상

쇠고기양송이죽과 느타리버섯나물, 새송이버섯햄구이

쇠고기양송이죽과 느타리버섯나물을 함께 먹으면 씹는 맛이 비슷해서 어느 것이 쇠고기고 어느 것이 느타리버섯인지
모를 거예요. 느타리버섯은 쇠고기죽에 부족한 섬유질을 보충해 줘요. 새송이버섯햄볶음도 마찬가지랍니다.

칼로리
1 쇠고기양송이죽
· 550kcal
2 느타리버섯나물
· 43kcal
3 새송이버섯햄볶음
· 145kcal

합계
738kcal

카프리제브루스케타와 브로콜리감자스프

차갑게 먹는 카프리제브루스케타와 따뜻한 스프가 잘 어울려요.
카프리제브루스케타의 다소 거친 느낌에 브로콜리스프가 부드러움을 더해 주니 더욱 좋아요.

칼로리
1 카프리제브루스케타
· 151kcal
2 브로콜리감자스프
· 304kcal

합계
455kcal

함박스테이크버거와 오렌지에이드

햄버거스테이크버거에 직접 짜내어 만든 오렌지에이드를 곁들이면 비타민을 보충할 수 있어요.

칼로리
1 함박스테이크버거
· 571kcal + 소스칼로리
2 오렌지에이드 · 159kcal

합계
730kcal + 소스칼로리

파프리카포테이토피자와 레몬티

파프리카감자피자에 레몬티를 곁들이면 신선한 맛이 더해져 잘 어울려요.

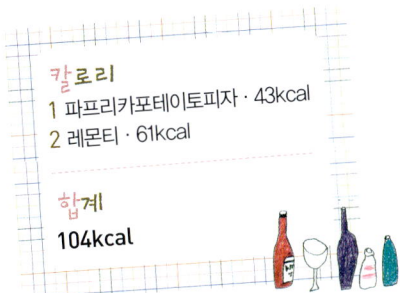

칼로리
1 파프리카포테이토피자 · 43kcal
2 레몬티 · 61kcal

합계
104kcal

복숭아프룬토스트와 단호박크림스프

복숭아프룬토스트에 따뜻한 단호박크림스프를 곁들이면 부드럽게 먹을 수 있어요.

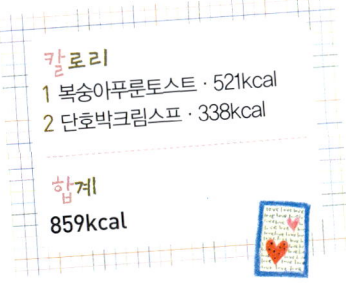

칼로리
1 복숭아프룬토스트 · 521kcal
2 단호박크림스프 · 338kcal

합계
859kcal

감자샌드위치와 가지치즈말이구이

감자샌드위치에 다소 부족한 섬유질을 가지치즈말이구이가 채워 주지요.

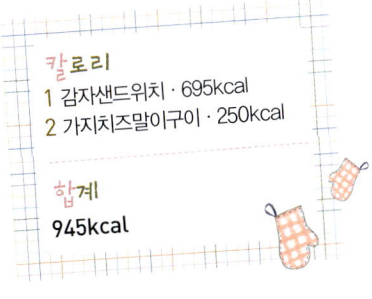

칼로리
1 감자샌드위치 · 695kcal
2 가지치즈말이구이 · 250kcal

합계
945kcal

프렌치치즈샌드와 레몬에이드
프렌치치즈샌드의 깊은 우유맛을 레몬에이드가 깔끔하게 마무리해 줘요.

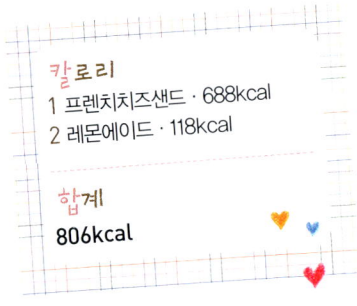

칼로리
1 프렌치치즈샌드 · 688kcal
2 레몬에이드 · 118kcal

합계
806kcal

햄달걀토스트와 레몬아이스홍차
햄달걀토스트의 느끼한 맛을 레몬아이스홍차의 상큼한 맛이 씻어 줘요.

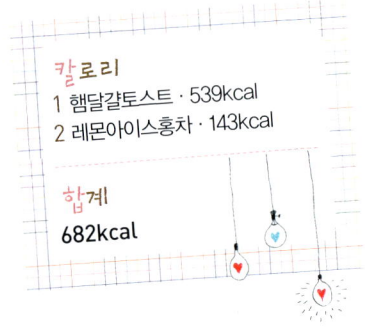

칼로리
1 햄달걀토스트 · 539kcal
2 레몬아이스홍차 · 143kcal

합계
682kcal

날치알우엉주먹밥과 꼬치어묵감자국
날치알우엉주먹밥의 다소 텁텁한 맛을 구수한 꼬치어묵감자국이 없애 줘요.

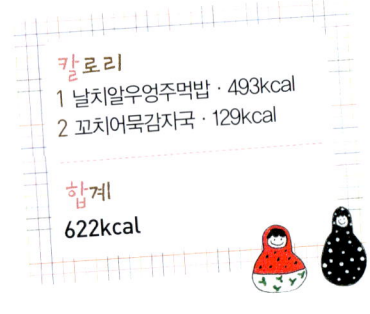

칼로리
1 날치알우엉주먹밥 · 493kcal
2 꼬치어묵감자국 · 129kcal

합계
622kcal

김치비빔국수와 자몽프루츠펀치

김치비빔국수에 부족한 비타민을 자몽프루츠펀치가 채워 줘요.

 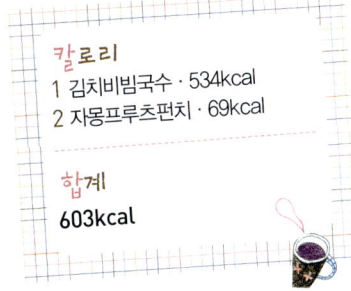

칼로리
1 김치비빔국수 · 534kcal
2 자몽프루츠펀치 · 69kcal

합계
603kcal

치즈웨지감자와 어묵메추리알케첩볶음

치즈웨지감자는 탄수화물을, 어묵메추리알케첩볶음은 단백질을 공급해 줘요.

 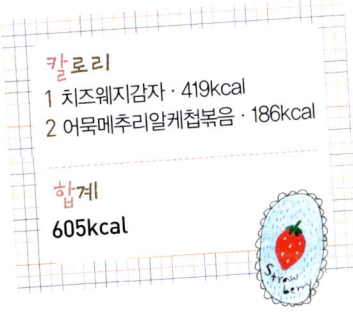

칼로리
1 치즈웨지감자 · 419kcal
2 어묵메추리알케첩볶음 · 186kcal

합계
605kcal

한국 사람들, 국물 없으면 밥 먹기 힘들어요.
맛있는 국과 찌개가 있다면 흰밥만으로도 밥 한 그릇 뚝딱 비울 수 있지요~
채소의 양을 늘리고 칼로리가 높은 재료의 양을 줄이는 등
국물요리에 들어가는 재료의 양을 가감하는 것으로 칼로리를 조절할 수 있어요.

PART 1

국물요리

칼로리 팁 | 어묵의 양을 줄이면 칼로리를 낮출 수 있어요.

꼬치어묵감자국

속 편히 먹을 수 있는 어묵감자국!
꼬치에 꽂아주면 쏙쏙 빼먹는 재미도 플러스!

1인분
129kcal

2/5

▶▶ 준비   3인분

모듬어묵 · · · · · · · · · ·1팩(200g)
감자 · · · · · · · · · · · ·1개(140g)
양파 · · · · · · · · · · · ·1/4개(30g)
대파(소) · · · · · · · · · · ·1대(20g)

다진 마늘 · · · · · · · · · · 0.5(10g)
국간장 · · · · · · · · · · · · 0.5(5g)
물 · · · · · · · · · · · · · · · · ·4컵
후추 · · · · · · · · · · · · · · · 약간

플러스 팁

한꺼번에 너무 많은 어묵을
이쑤시개에 꽂으면 끓었을
때 어묵이 불어 자칫 꼬치에
서 빠질 수 있으니 적당량을
꽂도록 한다.

▶▶ 만들기

1

감자는 납작하게 썰고, 양파도 비슷한
크기로 썰고, 대파는 어슷썰기해 둔다.

2

모듬어묵은 한 입 크기로 썰어 이쑤시
개에 꽂아 꼬치어묵을 만든다.

3

찬물에 감자를 먼저 넣고 끓인다.

4

②의 꼬치어묵과 양파, 대파의 흰 부분
을 넣고 국물이 우러나도록 끓인다.

5

어묵이 불어나고 감자가 다 익으면 다
진 마늘과 국간장, 소금, 후추를 넣어
간을 한다.

6

대파의 푸른 부분은
장식용으로, 마지막에
넣어야 색이 죽지
않아요.

마지막에 대파의 푸른 부분을 넣고 살
짝 끓인다.

칼로리 팁 | 오징어는 지방함량이 1%로 매우 낮은 저칼로리 고단백 식품이에요. 함께 들어가는 채소와 양념의 칼로리도 낮아 저칼로리 국물요리로 으뜸이지요.

오징어무국

무를 넣고 끓여 시원한 오징어무국.
육질이 치밀하고 단단한 것으로 매운맛은 적고 단맛이 나는 무가 좋아요!

▶▶ 준비   2인분

오징어(소)	1마리(200g)
무	1토막(190g)
대파	조금(20g)
양파	1/4개(30g)
청 · 홍고추	1/3씩(20g)
물	5컵
고추장	1(14g)
고춧가루	1(4g)
다진 마늘	1(10g)
소금 · 후추	약간

▶▶ 만들기

1

무와 양파는 납작하게 네모로 썰고, 대파와 청 · 홍고추는 어슷썰기한다. 오징어는 내장을 제거하고 링 모양으로 썰어 준비한다.

2

무와 양파, 오징어를 고추장과 고춧가루에 골고루 섞는다.

플러스 팁

오징어는 다른 생선과는 달리 가열하면 수분이 많이 빠져 나온다. 얼음물에 담갔거나 냉동했던 오징어는 탈수가 더 심하다. 수분이 빠지면 오징어가 질겨지므로 적당히 칼집을 넣고 너무 오래 가열하지 않는 것도 중요하다.

3

물 5컵을 넣고 끓인다.

4

국물이 끓어오르면 대파와 청 · 홍고추, 다진 마늘을 넣고 한소끔 끓인 뒤, 소금과 후추로 간을 한다.

칼로리 팁 | 쇠갈비를 다른 기름이 적은 부위의 살코기로 대체하면 그만큼 칼로리를 낮출 수 있어요. 미역은 칼로리가 매우 낮으니 마음껏 먹어도 된답니다.

쇠갈비미역국

1인분
320kcal
1

미역은 갈조류에 속하는데 해조류 중에서도 칼슘 함량이 높아요.
미역의 미끈미끈한 물질은 알긴산이라고 하는데, 콜레스테롤을 흡착하여
몸 밖으로 내보내는 역할을 한답니다.

▶▶ 준비　　　　　　2인분

쇠갈비 · · · · · · · · · · 4토막(320g)
건미역 · · · · · · · · · · · 약간(10g)
물 · · · · · · · · · · · · · · · · 4컵
국간장 · · · · · · · · · · · · 2(20g)
소금 · · · · · · · · · · · · · · · 약간
다진 마늘 · · · · · · · · · · · 0.5(5g)

▶▶ 만들기

1

건미역도 미리 찬물에 담가 불려 놓아요.

쇠갈비는 30분 정도 찬물에 담가 핏물을 뺀다.

2

데쳐 낸 물은 버려요.

쇠갈비를 끓는 물에 데쳐 내듯 삶아 건져 깨끗한 물에 헹궈 둔다.

3

②의 갈비를 다시 찬물에 넣고 끓인다.

4

육수가 끓어오르면 불려 놓은 미역을 넣고 다진 마늘을 넣은 뒤, 팔팔 끓어오르면 국간장과 소금으로 간을 한다.

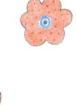

칼로리 북

돼지등뼈 • 502kcal
깻잎순 • 5kcal
풋고추 • 1kcal
얼갈이 • 11kcal
대파 • 3kcal
양념 • 58kcal

칼로리 팁 채소는 부피나 중량에 비해 칼로리가 낮은 반면 포만감은 크니, 채소의 양을 늘리면 상대적으로 돼지등뼈는 적게 먹게 되어 칼로리를 낮출 수 있어요.

뼈우거지해장국

뼈에서 쏙쏙 살을 빼먹는 재미에 구수한 해장국물에
밥 말아먹는 재미까지 모두 일품!

1인분
580kcal

▶▶ 준비 4인분

돼지등뼈 ········· 14토막(1.5kg)
물 ·················· 3리터
생강 ·············· 2개(35g)
통후추 ············· 0.5(3g)
된장 ··············· 1(14g)
얼갈이 ··············· 450g
청고추 ············· 2(30g)
대파 ·············· 2대(40g)
깻잎순 ··········· 2줌(60g)
들깨가루 ········· 3(20g)

얼갈이양념

고춧가루 ·········· 4(16g)
다진 마늘 ········· 2(20g)
소금 ··············· 1(7g)
후추 ················ 약간

▶▶ 만들기

1

돼지등뼈는 전날 구입하여 찬물에 담가 핏물을 뺀 뒤 끓는 물에 데쳐 헹궈둔다.

2

①의 돼지등뼈에 물 3리터를 넣고 된장 1숟가락을 풀어 생강, 통후추와 함께 3시간 끓인다.

3

얼갈이는 끓는 물에 데쳐 물기를 꼭 짠 뒤 얼갈이양념을 넣어 조물조물 무쳐둔다.

4

②에 ③의 얼갈이를 넣고 끓인다.

5

얼갈이가 푹 익으면 대파와 청고추를 썰어 넣어 끓인다.

6

마지막으로 깻잎순을 넣고 한소끔 끓인 뒤, 개인대접에 담고 들깨가루를 뿌려 낸다.

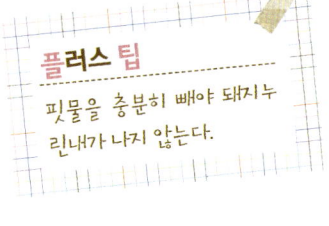

플러스 팁

핏물을 충분히 빼야 돼지누린내가 나지 않는다.

칼로리 팁 | 순두부는 두부보다 수분함량이 높아서 칼로리가 낮답니다.

맛조개순두부찌개

순두부에서 수분을 더 빼낸 것이 두부예요.
순두부는 그만큼 수분함량이 높아 부드럽답니다.

▶▶ 준비   2인분

순두부 · · · · · · · · · · · · ·	1봉(400g)
맛조개 · · · · · · · · · · ·	7개(150g)
청 · 홍고추 · · · · · · ·	1/3개씩(10g)
대파 · · · · · · · · · · · · ·	1대(40g)
굵은 소금 · · · · · · · · · ·	약간
물 · · · · · · · · · · · · · · ·	3컵

양념장

고추기름 · · · · · · · · · · · ·	1(6g)
고춧가루 · · · · · · · · · · ·	1(4g)
다진 마늘 · · · · · · · · · ·	1(10g)
국간장 · · · · · · · · · · · ·	1(10g)
소금 · · · · · · · · · · · ·	0.3(2g)
후추 · · · · · · · · · · · · ·	약간

플러스 팁

맛조개는 대나무처럼 가늘고 길죽하게 생긴 조개이다. 조갯살이 부드럽고 맛이 좋으며 아연과 칼슘, 철분 함량이 높다.

▶▶ 만들기

1

맛조개는 소금물에 해감시키고, 굵은 소금으로 박박 문질러 씻는다. 물 3컵을 넣고 끓여 조개육수를 우려내고 면보에 걸러 둔다.

2

양념장 재료를 모두 섞어 준비한다.

3

대파와 청 · 홍고추는 송송 썰어 둔다.

4

냄비에 맛조개육수를 담고 끓으면 순두부와 대파 흰 부분을 넣고 양념장을 풀어 넣는다.

5

한소끔 팔팔 끓인 뒤 맛조개와 청 · 홍고추, 대파의 푸른 부분을 넣고 조금 더 끓여 낸다.

칼로리 팁 무시할 수 없는 된장의 칼로리에 주목해 주세요. 된장은 나트륨(Na) 함량도 높으니, 조금 적게 넣어 싱겁게 먹으면 칼로리는 물론 염분함량도 낮출 수 있어 일석이조랍니다.

우렁된장찌개

구수한 된장찌개에 우렁을 넣고 끓여 감칠맛을 더해요.

1인분
167kcal

3/5

▶▶ 준비   1인분

감자(소) · · · · · · · · · · · · · ·1개(50g)
애호박 · · · · · · · · · · · · ·조금(30g)
표고 슬라이스 · · · · · · · ·조금(15g)
양파 · · · · · · · · · · · ·1/8개(40g)
대파 · · · · · · · · · · · · ·조금(20g)
홍고추 · · · · · · · · · · · ·1/3개(7g)
우렁 · · · · · · · · · · · · · ·1줌(30g)
물 · · · · · · · · · · · · · · · · · ·2컵
된장 · · · · · · · · · · · · · ·2(28g)

▶▶ 만들기

1

애호박과 양파, 감자는 반달 모양으로 썰고, 대파와 홍고추는 어슷썰기한다. 우렁은 소금물에 흔들어 씻는다.

2

뚝배기에 물 2컵을 넣고 된장을 풀고, 감자를 넣어 끓인다.

3

감자가 어느 정도 익으면 양파, 애호박, 표고 슬라이스, 우렁을 모두 넣고 국물이 우러나게 끓인다. 마지막으로 대파와 홍고추를 넣어 살짝 끓여 준다.

칼로리 북

배추김치 • 17kcal
캔참치 • 146kcal
두부 • 59kcal
청 · 홍고추 • 1kcal
대파+양파 • 11kcal
양념 • 3kcal

칼로리 팁 건더기의 양이 많을수록 칼로리가 높아져요.

참치김치찌개

김치찌개는 된장찌개과 더불어 남녀노소 누구나 좋아하는
대한민국 대표 찌개가 아닐까요? 꽁치, 고등어, 두부, 참치, 갈비 등
단백질 재료를 첨가하여 푹푹 끓여주세요!

▶▶ 준비   2인분

배추김치 · · · · · · · · · 1컵(190g)
참치 · · · · · · · · · · 1/2캔(125g)
양파 · · · · · · · · · · 1/4개(50g)
두부 · · · · · · · · · · 4조각(150g)
대파(소) · · · · · · · · · 1대(20g)
청 · 홍고추 · · · · · · · · · 조금(10g)
물 · · · · · · · · · · · · · · · 2컵
다진 마늘 · · · · · · · · · · · 0.5(5g)
고춧가루 · 소금 · · · · · · · · · 약간

▶▶ 만들기

1

참치는 건더기만 건져 놓아요.

배추김치는 굵직하게 썰고, 두부와 양
파는 네모로, 대파는 어슷하게 썬다.

2

김치볶음처럼 충분히 볶아주어요.

참치캔의 국물을 2숟가락 넣고 배추김
치가 투명하게 익도록 달달 볶는다.

플러스 팁

김치 속이 너무 많으면 김치
찌개가 텁텁해질 수 있으므
로 속이 많을 때는 약간 털어
내고 요리한다. 너무 신 김치
는 볶을 때 설탕을 약간 넣으
면 신맛을 덜 수 있다.

3

김치가 볶아지면 물과 참치를 넣고 다
진 마늘과 대파를 넣는다. 끓어오르면
두부와 청 · 홍고추를 넣고 고춧가루와
소금으로 간한다.

칼로리 팁 돼지갈비를 기름이 적은 부위로 대체하면 그만큼 칼로리를 낮출 수 있어요. 조랭이 떡을 먹는것은 밥을 먹는 것과 같으니 떡류를 먹을 때는 그만큼 밥의 양을 조절하도록 해요.

돼지갈비김치찌개

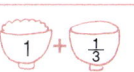
1인분
389kcal

김치찌개가 이렇게 맛있을 수가! 절로 감탄이 나올 수 있으니 긴장하시고~
가족들 둘러앉은 저녁상에 올려 보세요!

▶▶ 준비   2인분

돼지갈비 · · · · · · · · · 6토막(260g)	물 · · · · · · · · · · · · · · 4컵
배추김치 · · · · · · · · · 2컵(270g)	포도씨유 · · · · · · · · · · · 1(6g)
조랭이떡 · · · · · · · · · 12개(52g)	소금 · · · · · · · · · · · · 0.3(2g)
청 · 홍고추 · · · · · · · · 조금(20g)	다진 마늘 · · · · · · · · · · 0.5(5g)
대파 · · · · · · · · · · · · 조금(10g)	

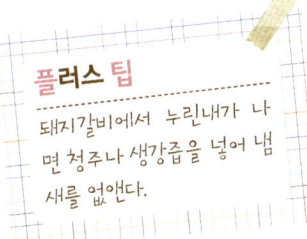

플러스 팁
돼지갈비에서 누린내가 나
면 청주나 생강즙을 넣어 냄
새를 없앤다.

▶▶ 만들기

1

너무 오래 담가
두면 수용성 영양소의
손실이 생겨요.

돼지갈비는 30분 정도 찬물에 담가 핏
물을 뺀다.

2

배추김치는 숭숭 썰고, 대파와 청 · 홍
고추는 어슷하게 썰고, 조랭이떡은 찬
물에 불려 깨끗이 씻어 둔다.

3

겉면만 익도록
살짝 볶아요.

포도씨유를 두른 냄비에 ①의 핏물 뺀
갈비를 들들 볶는다.

4

여기에 썰어 놓은 배추김치를 넣고 함
께 볶는다.

5

조랭이떡도
함께 넣어요.

김치와 갈비가 어우러져 어느 정도 볶
아지면, 물 4컵을 넣고 뚜껑을 덮어 끓
인다.

6

김치가 맵지
않으면 고춧가루를
1숟가락 넣어요.

팔팔 끓어 국물이 우러나면 소금과 다
진 마늘을 넣어 간하고, 대파와 청 · 홍
고추를 마지막에 넣고 살짝 끓인다.

칼로리 팁 | 저칼로리 재료들로만 만들어서 한 그릇 다 먹어도 칼로리 걱정이 없어요.

명태알탕

명태알은 3~5cm정도로 크기가 크지 않고
색깔은 선홍색인 것이 우리 수산물이니 잘 골라 쓰세요!

1인분
77kcal

▶▶ 준비   2인분

무	1토막(60g)
콩나물	1/2줌(50g)
명태알	1팩(80g)
두부	3조각(60g)
미나리	조금(10g)
쑥갓	조금(10g)
대파	조금(10g)
청·홍고추	1/3개씩(16g)
물	3컵
고추장	1(14g)
고춧가루	1(4g)
다진 마늘	0.5(5g)
소금	0.3(2g)
청주	1(10g)

플러스 팁

고추장 대신 고춧가루만 넣고 끓이면 칼칼한 맛을 낼 수 있다.

▶▶ 만들기

1

무와 두부는 납작하게 썰고 청·홍고추와 대파는 어슷썰기한다. 미나리와 쑥갓은 손가락 길이로 썰고, 콩나물은 깨끗이 씻는다.

2

명태알은 소금물에 흔들어 씻는다.

이 때 청주 1숟가락도 넣어요.

3

냄비에 물 3컵을 붓고 고추장과 고춧가루를 푼다. 먼저 무를 넣고 끓인 뒤 명태알을 넣고 끓인다.

4

국물이 우러나고 명태알이 어느 정도 익으면 두부와 쑥갓, 미나리, 대파를 넣고 끓인다.

5

다진 마늘과 소금으로 간을 하고 청·홍고추를 넣고 끓여 완성한다.

칼로리 팁 쇠고기의 양을 줄이고 고사리와 숙주의 양을 늘리면 그만큼 칼로리를 낮출 수 있어요.

쇠고기육개장

쇠고기와 숙주, 고사리, 양파 등의 채소가 함께 어우러진 육개장!
얼큰한 육개장 한 대접이면 속이 든든해요!

1인분
189kcal

3/5

▶▶ 준비 · · · · · · · · · · · · · · · 2인분

쇠고기 사태 · · · · · · · · · · · · · 160g
물 · 7컵
삶은 고사리 · · · · · · · · · · · 1줌(90g)
숙주 · · · · · · · · · · · · · · · 2줌(200g)
양파 · · · · · · · · · · · · · · 1/4개(60g)
대파 · · · · · · · · · · · · · · · 1대(60g)
양념
고춧가루 · · · · · · · · · · · · · · 2(8g)
국간장 · · · · · · · · · · · · · · · 2(20g)
다진 마늘 · · · · · · · · · · · · · 1(10g)
밀가루 · · · · · · · · · · · · · · · 2(12g)
소금 · · · · · · · · · · · · · · · · · 1(7g)
후추 · · · · · · · · · · · · · · · · · 약간

플러스 팁

국물을 우려내야 하는 요리는 고기를 찬물에서부터 넣고 끓이는 것이 좋다. 끓는 물에 넣으면 고기의 표면이 먼저 익어 내부의 맛 성분들이 잘 빠져나오지 않기 때문이다.

▶▶ 만들기

핏물을 빼내야 국물이 깨끗하고 누린 내가 나지 않아요.

1

사태는 30분 정도 물에 담가 핏물을 뺀다.

2

찬물 7컵에 사태를 넣고 1시간 끓여 국물을 우려낸다.

3

사태를 건져 결대로 찢어 둔다.

4

③에 길게 썬 대파와 채썬 양파, 삶은 고사리, 숙주를 넣고 양념을 모두 넣어 버무린다.

5

②의 육수에 ④를 넣고 함께 푹 끓인다.

칼로리 팁 | 당면과 달걀의 양을 줄이면 칼로리를 낮출 수 있어요.

갈비탕

힘이 불끈불끈 나는 갈비탕이에요.
맑은 갈비육수가 되도록 면보에 걸러내는 거 잊지 마세요!

1인분
508kcal

▶▶ 준비   3인분

쇠갈비 · · · · · · · · · · · · · · · 600g
무 · · · · · · · · · · · · · 2토막(230g)
대파 · · · · · · · · · · · · · 2대(60g)
양파 · · · · · · · · · · · · 1/2개(100g)
마늘 · · · · · · · · · · · · · 6개(60g)
대추 · · · · · · · · · · · · · 6개(18g)
인삼 · · · · · · · · · · · · 1뿌리(30g)
달걀 · · · · · · · · · · · · · 1개(50g)
당면 · · · · · · · · · · · · · 조금(60g)
물 · · · · · · · · · · · · · · · · 10컵

양념

국간장 · · · · · · · · · · · · · 1(10g)
소금 · · · · · · · · · · · · · 1.5(10g)
대파 · · · · · · · · · · · · · 1대(30g)
후추 · · · · · · · · · · · · · · · 약간

플러스 팁

와사비는 고추냉이의 일본
말로 갈았을 때 매운 맛이 나
는데 갈비를 와사비장에 찍
어 먹으면 맛이 좋고, 소화
작용도 도우며 항균성도 뛰
어나다. 와사비장의 재료는
다음과 같다.

와사비장

물 3, 갠 와사비 0.5(7g), 간장
0.5(5g), 설탕 0.5(4g), 식초
0.5(5g)

▶▶ 만들기

1

중간에 여러 번
물을 갈아주어요.

쇠갈비는 전날 구입하여 물에 담가 핏
물을 충분히 뺀다.

2

삶아낸 물은
버려요.

핏물 뺀 쇠갈비를 끓는 물에 데쳐내듯
한번 삶아 찬물에 헹궈 준비한다.

3

다시 물 10컵에 ②의 쇠갈비와 무, 대
파, 양파, 마늘을 넣고 2시간 이상 푹
끓인다.

4

갈비탕 국물이 충분히 우러나면 불을
끄고 ③을 면보에 깨끗이 거른다.

5

4의 무를 얇고
네모지게 썰어 갈비와
함께 넣고 끓여요.

④에 인삼과 대추를 넣고 국간장과 소
금, 후추로 간을 하여 끓인다.

6

달걀지단과 삶은 당면, 대파를 고명으
로 준비하여 갈비탕 위에 얹어 낸다.

메인반찬은 고기, 생선, 두부, 달걀을 주재료로 만든 반찬이에요.
가족이 모두 함께 맛있게 먹을 수 있는 반찬을 소개할께요.
메인반찬에서 한 가지, 파트3의 밑반찬에서 한 가지를 골라
밥과 함께 먹으면 균형 잡힌 식단으로 구성할 수 있어요.

PART 2

메인반찬

게엿장볶음

귀여운 게를 한 마리씩 밥숟가락 위에 얹어 먹는 재미란~

1인분
56kcal

▶▶ 준비   5인분

방게 · · · · · · · · · · · · ·1.5컵(142g)
포도씨유 · · · · · · · · · · · · ·1(6g)
양념장
간장 · · · · · · · · · · · · · · ·3(30g)
다진 마늘 · · · · · · · · · · · ·1(10g)
다진 파 · · · · · · · · · · · · ·1(10g)
홍고추 · · · · · · · · · · · · · 0.5(5g)
설탕 · · · · · · · · · · · · · · · ·1(8g)
물엿 · · · · · · · · · · · · · · ·2(16g)
후추 · · · · · · · · · · · · · · · ·약간

▶▶ 만들기

1

방게는 흐르는 물에 깨끗이 잘 씻어 물기를 빼 두었다가 달군 프라이팬에 포도씨유를 두르고 잘 익도록 볶는다.

2

간장에 다진 마늘과 다진 파, 홍고추를 넣고 설탕, 물엿, 후추를 넣고 잘 섞어 양념장을 만들어 둔다.

3

①의 볶은 게에 양념장을 넣고 고루 섞어 볶는다.

플러스 팁

게 껍질의 색깔은 카로티노이드계 색소인 아스타잔틴에 의한 것이다. 아스타잔틴은 가열 전에는 단백질과 결합하여 존재하지만, 익히면 단백질과 분리되고 아스타잔틴은 산화되어 붉은색이 된다. 게와 새우를 익히면 껍질 색이 붉어지는 것은 이 때문이다.

칼로리 팁 | 양념에도 칼로리가 있다는 사실을 명심하세요!

홍합매운볶음

홍합에는 비타민 A가 많아요. 무려 쇠고기의 11배나 들어있어요!
매끄러운 피부와 촉촉한 눈을 유지할 수 있게 도와준답니다.

1인분
102kcal

▶▶ 준비   3인분

홍합 · · · · · · · · · · · · ·	460g
청양고추 · 홍고추 · · · ·	1/2개씩(20g)

양념

매운 고춧가루 · · · · · · · · · ·	2(8g)
다진 마늘 · · · · · · · · · · ·	1(10g)
다진 파 · · · · · · · · · · · ·	1(10g)
맛술 · · · · · · · · · · · ·	1(10g)
물엿 · · · · · · · · · · · ·	2(16g)
간장 · · · · · · · · · · · ·	1(10g)
참기름 · · · · · · · · · · · ·	0.5(3g)

플러스 팁

홍합은 껍질이 깨지지 않고 입이 벌어지지 않은 것으로 고른다. 껍질을 제거한 홍합 살은 흐물흐물하지 않고 탄탄한 것으로 고른다.

▶▶ 만들기

1

홍합은 수염을 제거하고 바락바락 문질러 깨끗이 씻는다.

2

물은 따로 넣지 않아도 돼요.

뚜껑이 있는 냄비에 홍합을 넣고 뚜껑을 덮어 중불에서 익힌다.

3

분량의 양념을 모두 섞어 준비한다.

4

홍합이 입을 벌리면 모두 익은 것이다.

5

넓은 프라이팬에 옮겨 담고, ③의 양념과 함께 매콤하게 볶아 낸다.

칼로리 북

어묵 • 53kcal
메추리알 • 82kcal
청 · 홍피망 • 2kcal
양파 • 3kcal
케첩 • 33kcal
포도씨유 • 13kcal

어묵메추리알케첩볶음

토마토의 빨간색을 내는 리코펜의 항산화력은 가열하여 조리했을 때
더욱 증가해요. 토마토케첩으로 먹으면 생 토마토를 먹을 때보다 섭취율이 높답니다!

▶▶ 준비   4인분

모듬어묵 · · · · · · · · · · · 1컵(150g)
메추리알 · · · · · · · · · 20개(200g)
양파 · · · · · · · · · · · 1/4개(30g)
청 · 홍피망 · · · · · · · · 1/4씩(40g)
포도씨유 · · · · · · · · · · · · 1(6g)
케첩 · · · · · · · · · · · · · · 8(112g)
후추 · · · · · · · · · · · · · · · 약간

플러스 팁

케첩을 넣고 골고루 섞은
뒤, 센불에서 바짝 조려야
맛있다.

▶▶ 만들기

메추리알은 찬물에
넣고 끓여서 5분이면
완숙이 돼요.

1

메추리알은 완숙으로 삶아 껍질을 벗
긴다. 어묵은 메추리알 크기로 썬다.

2

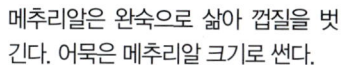

양파와 청 · 홍피망도 같은 크기로 썬
다.

3

포도씨유를 두른 프라이팬에 어묵을
먼저 볶는다.

4

청 · 홍피망과 양파, 메추리알을 모두
넣고 볶는다.

5

채소가 어느 정도 익으면 케첩을 넣고
후추를 뿌려 센불에 조린다.

칼로리 북

달걀 • 123kcal
스팸 • 64kcal
슬라이스치즈 • 11kcal
피망+양파 • 6kcal
양송이버섯 • 1kcal
포도씨유 • 104kcal

칼로리 팁 | 채소는 칼로리가 낮지만 스팸은 칼로리가 높아요. 또한, 볶을 때 들어가는 기름의 칼로리도 무시할 수 없으니 최소한의 양으로 볶도록 해요.

스팸오믈렛

짭조름한 스팸이 들어가 따로 소금간을 하지 않아도 되는 오믈렛. 프라이팬에 두르는 기름의 양을 조절하면 칼로리를 낮출 수 있어요!

1인분
309kcal

1

▶▶ 준비   2인분

달걀 · · · · · · · · · · · · 3개(150g)	양송이버섯 · · · · · · · · 1/2개(15g)
스팸 · · · · · · · · · · · · 2조각(37g)	슬라이스치즈 · · · · · · · 1/4장(5g)
양파 · · · · · · · · · · · · 1/5개(30g)	포도씨유 · · · · · · · · · · · · 4(24g)
청·홍피망 · · · · · · · · 조금씩(12g)	

플러스 팁
스팸은 아무리 밥과 함께 먹어도 짜다. 스팸으로 소금간을 하지 않는 오믈렛을 만들면 햄이나 베이컨을 넣어 만들었을 때와는 또 다른 맛의 새로운 오믈렛이 된다.

▶▶ 만들기

1

양파와 청·홍피망, 슬라이스치즈는 짧고 곱게 채썰고, 양송이는 모양을 살려 얇게 썬다.

2

> 도마에 기름을 묻히지 않으려면 통조림 캔 속에서 칼집을 내어 써는 방법이 있어요.

스팸은 채로 썬다.

3

②의 스팸을 포도씨유를 두른 프라이팬에 ①의 채소와 함께 볶는다.

4

스팸 향이 우러나고 채소가 어느 정도 볶아지면 달걀을 풀어 넣는다.

5

> 완전히 익히면 달걀이 뭉쳐지지 않아요.

바닥이 조금 익으면 젓가락으로 원 바깥에서 안쪽으로 선을 그리듯 달걀을 섞고 치즈를 넣어 반쯤만 몽글몽글 익힌다.

6

> 두툼해진 오믈렛을 속까지 익혀야 하므로 불을 약하게 해요.

달걀이 반숙 상태일 때 프라이팬의 한쪽으로 모아 타원형 모양을 잡아 완전히 익힌다. 다 익으면 접시에 뒤집어낸다.

칼로리 팁 | 이것저것 맛을 내는 양념이 많이 들어갈수록 그만큼 칼로리가 높아져요. 스테이크를 먹을 땐 양념을 덜어내고 먹으면 그만큼 칼로리를 낮출 수 있지요.

매콤찹스테이크조림

쇠고기 등심은 지방함량이 6.8%로 다른 부위에 비해 낮아요.
양질의 단백질과 함께 철분과 인 등의 무기질은 물론
비타민도 많이 들어있답니다!

1인분
324kcal

1

▶▶ 준비
1인분

쇠고기 등심	5조각(100g)
소금 · 후추	약간씩
올리브유	0.5(3g)

소스

올리브유	0.5(3g)
다진 양파	1(10g)
다진 마늘	0.5(5g)
청 · 홍고추	1씩(20g)
파인애플	1(15g)
레드와인	1(10g)
칠리소스	2(26g)
올리고당	0.5(4g)
고추기름	0.5(3g)
닭육수	2(20g)

플러스 팁
쇠고기 등심은 지방이 살코기 사이사이에 섞여 있는 맛있는 부위로, 스테이크, 불고기, 전골 등에 사용된다. 구입 후 바로 요리하지 않을 때에는 고기의 표면에 식용유를 발라 공기를 차단한 뒤 랩으로 싸 냉동보관하면 신선도를 유지할 수 있다.

▶▶ 만들기

1

쇠고기 등심은 한입 크기 네모로 썰어 소금 · 후추와 올리브유를 넣고 골고루 섞어 잠시 재워 둔다.

2

올리브유를 두른 프라이팬에 다진 마늘과 다진 양파를 넣고 볶는다.

3

청 · 홍고추를 굵게 다져 넣어 함께 볶는다.

4

> 육즙이 배어 나오지 않도록 센불에서 표면만 익혀요.

고추와 양파에서 어느 정도 매운 향이 나면 ①의 쇠고기를 넣고 센불에서 앞뒤로 익힌다.

5

> 중불로 낮춰서 조려요.

여기에 레드와인, 칠리소스, 올리고당, 고추기름, 닭육수, 파인애플을 넣어 조린다.

칼로리 팁 | 튀김옷의 칼로리가 닭다리살의 칼로리보다 높아요. 칼로리를 낮추고 싶다면 기름에 튀기는 대신 오븐에 구워주면 되지요. 그리고 튀김 시에 흡유량이 최소한이 되도록 적정온도를 맞추는 것도 중요해요.

닭다리살두반장볶음

매콤한 두반장소스와 함께 먹는 닭다리살튀김은 느끼한 맛 제로!

1인분
324kcal

▶▶ 준비   1인분

닭다리살 · · · · · · · · · · ·	2개(100g)
소금 · 후추 · · · · · · · · · · ·	약간씩
청주 · · · · · · · · · · · · ·	1(10g)
청 · 홍피망 · · · · · · · · ·	조금씩(20g)
캔옥수수 · · · · · · · · · · ·	1(10g)
식용유 · · · · · · · · · · ·	적당량(6g)

튀김옷

전분 · · · · · · · · · · · · ·	3(18g)
달걀흰자 · · · · · · · · ·	1개분(35g)

두반장 소스

다진 마늘 · · · · · · · · · · ·	0.5(5g)
식용유 · · · · · · · · · · · · ·	0.5(3g)
고추기름 · · · · · · · · · · ·	0.5(3g)
두반장 · · · · · · · · · · · · ·	0.5(7g)
케첩 · · · · · · · · · · · · ·	0.5(6g)
칠리소스 · · · · · · · · · · ·	1(13g)
올리고당 · · · · · · · · · · ·	1(8g)
물 · · · · · · · · · · · · · · ·	2

플러스 팁

닭다리살은 닭이 운동을 가장 많이 하는 부위로 육질이 쫄깃하고 맛이 있다. 닭고기는 필수아미노산을 쇠고기보다 더 많이 함유하고 있으며 지방이 살코기 속에 섞여 있지 않기 때문에 기름지지 않고 담백한 맛을 낸다.

▶▶ 만들기

1

닭다리는 살만 발라내어 소금, 후추, 청주를 넣고 조물조물 버무려 잠시 재워 둔다.

2

청 · 홍피망은 옥수수알 크기로 썰어 둔다.

3

①의 닭다리살에 전분을 골고루 묻히고 달걀흰자를 입힌다.

4

튀김반죽을 조금 떨어뜨렸을 때 중간쯤 내려가다 올라오는 온도에서 노릇노릇하게 튀겨 낸다.

5

기름 두른 프라이팬에 다진 마늘을 약한 불로 볶아 향을 내고, 두반장소스 양념을 모두 넣어 살짝 끓인다.

6

청 · 홍피망과 캔옥수수를 넣어 조려 소스를 만든 뒤, ④의 튀김에 얹어 낸다.

칼로리 팁 | 닭봉을 튀기지 않고 오븐에 구워주면 그만큼 튀김기름으로 인한 칼로리를 낮출 수 있어요.

닭봉핫소스구이

바삭바삭하게 구워낸 닭봉에 핫소스양념을 입혀 그릴에 살짝 구워 준 요리!

1인분
405kcal

▶▶ 준비   3인분

닭봉	10개(405g)
양파 간 것	3(30g)
소금 · 후추	약간씩
청주	1(10g)
전분	7(42g)
포도씨유	적당량

소스

핫소스	7(70g)
우스터소스	2(20g)
케첩	3(42g)
설탕	2(16g)
녹인 버터	2(22g)

▶▶ 만들기

1

기름기가 뭉쳐있는 부분은 제거해요.

닭봉은 깨끗이 씻어 물기를 빼고 양파 간 것과 소금, 후추, 청주를 넣고 고루 주물러 잠시 재워 둔다.

2

소스 양념을 모두 넣고 살짝 끓여 둔다.

3

①의 닭봉에 전분을 고루 묻힌다.

4

닭고기는 속까지 골고루 익어야 하므로 튀김기름의 온도가 너무 높아지지 않게 주의해요.

열 오른 튀김기름에 바삭바삭하게 두 번 튀겨낸다(튀기지 않고 오븐에 구워도 된다).

5

④의 튀겨낸 닭봉에 ②의 소스를 고루 묻혀, 가스레인지 그릴에 노릇노릇하게 굽는다.

칼로리 북

돼지고기 • 472kcal

양파+대파 • 11kcal

생강 • 3kcal

된장 • 8kcal

통후추 • 2kcal

돼지목삼겹수육

된장을 풀어 구수한 맛을 더하고 돼지냄새를 잡았어요!
푹푹 삶으면 돼지비계의 지방이 녹아나와
어느 정도 칼로리가 다운된답니다!

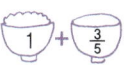

▶▶ 준비   3인분

돼지고기 목삼겹살	600g
대파 흰 부분	1대(20g)
양파	1/2개(80g)
생강	1/2개(15g)
통후추	0.5(2g)
된장	1(14g)
커피	0.5(2g)
물	6컵

플러스 팁

삶은 고기를 썰 때는 고기결의 반대 방향으로 썰어야 질기지 않고 부드럽다. 삶는 과정에서 돼지고기의 지방이 많이 빠지므로 조리 후 바로 먹어야 맛있다.

▶▶ 만들기

1

냄비에 물 6컵과 양파, 대파, 생강, 통후추, 커피를 넣고 된장을 풀어 끓인다.

2

목삼겹살은 너무 두껍지 않게 적당히 모양을 잡아 요리실로 묶는다.

3

고깃덩어리를 젓가락으로 찔러 보아 핏물이 올라오지 않으면 다 익은 거예요.

①의 물이 팔팔 끓으면 ②의 목삼겹살을 넣고 뚜껑을 덮어 40분간 끓인다.

칼로리 북

돼지고기 • 223kcal
튀김옷 • 125kcal
포도씨유(튀김기름) •
113kcal
채소 • 13kcal
소스 • 63kcal

칼로리 팁 | 튀김옷과 튀김기름이 무려 238kcal나 되어요. 튀기지 않고 굽는 방법이 칼로리를 낮출 수 있는 가장 좋은 방법이지만 맛은 떨어질 수 있으니, 튀김 시 기름의 온도를 잘 맞추어 최대한 흡유량을 줄여 요리하세요.

사천식매콤탕수육

매콤하면서도 새콤달콤한 맛이 그리울 때 딱 어울리는 요리가 있어요.
돼지고기 안심을 바삭하게 튀겨내 고추기름으로 매콤한 맛을 낸 사천식 탕수육이랍니다!

▶▶ 준비   2인분

돼지고기 안심 · · · · · · · 1.3컵(200g)
포도씨유 · · · · · · · · · · · · · · 적당량
고기밑간
간양파 · · · · · · · · · · · · · · 2(28g)
청주 · · · · · · · · · · · · · · · 1(10g)
소금 · · · · · · · · · · · · · · · 0.3(2g)
후추 · · · · · · · · · · · · · · · · 약간
튀김옷
감자전분 · · · · · · · · · · · · · 6(36g)
물 · · · · · · · · · · · · · · · · 1/2컵
달걀(소) · · · · · · · · · · · · · 1개(40g)
전분 · · · · · · · · · · · · · · · 3(18g)
소스채소
청고추 · · · · · · · · · · · · · · 1개(20g)
마른 홍고추 · · · · · · · · · · · 1개(3g)
양파 · · · · · · · · · · · · · · 1/4개(28g)
청·홍피망 · · · · · · · · · · 1/4개씩(20g)
당근 · · · · · · · · · · · · · · 조금(12g)
소스양념
고추기름 · · · · · · · · · · · · · 1(6g)
케첩 · · · · · · · · · · · · · · · 2(28g)
식초 · · · · · · · · · · · · · · · 2(20g)
설탕 · · · · · · · · · · · · · · · 2(16g)
물 · · · · · · · · · · · · · · · · 12
전분물
전분 · · · · · · · · · · · · · · · 2(6g)
물 · · · · · · · · · · · · · · · · 2

플러스 팁

소스를 간장소스로 바꿔도
맛있다.
간장소스(169kcal)
물 6, 간장 1(10g), 설탕 2(16g),
식초 2(20g), 전분 1(6g), 물 1

▶▶ 만들기

1

소스채소는 한입 크기로 썰고, 고추는
어슷썰기한다. 고기는 기름기를 제거
하고, 밑간을 해 재워 둔다.

2

그릇에 감자전분을 담고 물 ½컵을 부
어 섞지 않고 그대로 둔다. 물층이 위
로 뜨면 따라내고 남은 전분에 달걀을
넣어 잘 섞어 둔다.

3

①의 고기에 전분 3숟가락을 넣고 골
고루 버무린 다음 ②의 튀김옷에 넣어
잘 섞는다.

4

고기를 튀김기름에 두 번 튀겨낸다.

5

소스팬에 고추기름을 두르고 청고추와
마른 홍고추를 넣고 볶다가 ①의 채소
들을 모두 넣고 함께 볶는다.

6

전분과 물을
2숟가락씩 섞어
전분물을 만들어요.

소스 양념을 모두 넣고 끓여 간이 맞
으면 전분물을 넣어 걸쭉한 소스를 만
들고 ④를 넣어 센불에서 재빨리 볶아
낸다.

칼로리 팁 | 가래떡은 밥을 눌러 뽑아 만든 것이라 부피에 비해 상당한 칼로리를 가지고 있음을 주의하세요.

궁중떡볶음

고추장을 풀어 넣은 매콤한 떡볶이도 맛있지만,
가끔씩 간장양념으로 한 궁중떡볶음도 만들어 보세요. 중독될지도 몰라요!

1인분
560kcal

1 + 5/6

▶▶ 준비　　　　　　　2인분

가래떡	32cm(250g)
쇠고기 사태	1컵(160g)
표고버섯	3개(40g)
양송이버섯	3개(65g)
양파	1/4개(55g)
청·홍피망	1/2개씩(80g)

쇠고기양념

간장	1(10g)
설탕	0.5(4g)
청주	1(10g)
다진 마늘	1(6g)
참기름	0.5(3g)
후추	약간

버섯양념

간장	0.5(5g)
설탕	0.5(4g)
다진 마늘	0.5(3g)
참기름	0.5(3g)
후추	약간

가래떡양념

간장	1(10g)
참기름	0.5(3g)

전체양념

물	6
간장	2(20g)
쌀엿	1.5(12g)
설탕	0.5(4g)
다진 마늘	1(6g)
볶은 깨	1(4g)
후추	약간

▶▶ 만들기

1

쇠고기는 네모로 납작하게 썰고, 쇠고기양념을 모두 넣어 조물조물 섞어 잠시 재워 둔다.

2

표고버섯은 밑둥을 자르고 사용해요

표고버섯과 양송이버섯은 4등분하여 버섯양념에 재워 둔다.

3

가래떡은 삼각형 모양으로 잘라야 양념이 잘 배요.

가래떡은 끓는 물에 말랑말랑하게 데쳐 낸 뒤 가래떡양념을 넣고 조물조물 무친다.

4

양파와 청·홍피망은 쇠고기 크기와 비슷하게 썰어 둔다.

5

달군 프라이팬에 ①의 쇠고기를 먼저 살짝 볶고, ②의 버섯을 넣고 함께 볶는다.

6

④의 채소를 모두 넣고 볶다가 가래떡과 전체양념을 모두 넣어 끓인다. 가래떡에 양념이 골고루 배면 불에서 내린다.

칼로리 팁 | 쌀떡볶이떡 10개면 밥 한공기의 칼로리와 같아요.
먹는동안 포만감을 빨리 느낄 수 있도록 채소와 함께 꼭꼭 씹어 먹도록해요.

낙지떡볶음

매콤한 낙지볶음에 떡볶이를 더해봤어요.
말랑말랑한 떡볶이떡과, 부드러운 낙지가 잘 어울려 떡볶이보다 더 맛있는 요리!

1인분
571kcal
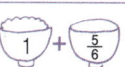

▶▶ 준비   1인분

낙지(소)	1마리(150g)
떡볶이떡	10개(130g)
양배추	1/2잎(45g)
양파	1/4개(50g)
당근	조금(15g)
청·홍고추	1/2개씩(15g)
대파	조금(4g)
포도씨유	1(6g)

양념

고추장	1.5(21g)
고춧가루	1(4g)
간장	0.5(5g)
물엿	1(8g)
다진 마늘	0.5(5g)

▶▶ 만들기

1

양배추는 큼직하게 뜯고, 양파는 채썰고, 당근과 청·홍고추는 어슷썰기한다.

2

낙지는 익으면서 수분이 많이 빠져 나오니 꼭 데쳐서 준비해요.

낙지는 끓는 물에 소금을 약간 넣고 살짝 데쳐 손가락 길이로 썰어 둔다.

3

포도씨유 1숟가락을 두른 프라이팬에 ①의 채소를 볶다가 양념을 모두 넣어 살짝 볶는다.

4

떡이 딱딱하면 끓는 물에 살짝 데쳐서 넣어요.

말랑말랑한 떡볶이떡을 넣는다.

5

낙지를 넣고 함께 볶는다.

6

어슷썬 대파를 넣고 불에서 내린다.

치즈불닭

철판 위에서 지글지글대는 불닭. 두 개 세 개 집어먹다 보면 금세 입안에서 불이
나요. 모짜렐라치즈와 함께 먹을 수 있다는 것이 이렇게 행복할 줄이야~

1인분
661kcal

1 + 1 + 1/5

▶▶ 준비　　　　　　　　3인분

살코기닭 · · · · · · · · 1마리분(484g)
떡볶이떡 · · · · · · · · · 10개(130g)
고구마(소) · · · · · · · · · 1개(100g)
포도씨유 · · · · · · · · · · · 2(12g)
모짜렐라치즈 · · · · · · · · 1컵(90g)
파슬리가루 · · · · · · · · · · · 약간

닭고기밑간
소금 · · · · · · · · · · · · · 0.3(2g)
후추 · · · · · · · · · · · · · · · 약간
청주 · · · · · · · · · · · · · · 2(20g)
양파 간 것 · · · · · · · · · · 4(40g)

불닭양념
고추장 · · · · · · · · · · · · 3(42g)
매운 고춧가루 · · · · · · · · 4(16g)
청양고추 · · · · · · · · · · 3개(26g)
양파 · · · · · · · · · · · · 1/3개(60g)
마늘 · · · · · · · · · · · · 5개(20g)
대파 흰 부분 · · · · · · · · 1대(20g)
고추씨기름 · · · · · · · · · · 2(12g)
간장 · · · · · · · · · · · · · 2(20g)
물엿 · · · · · · · · · · · · · 3(24g)
설탕 · · · · · · · · · · · · · · 1(8g)

플러스 팁
닭고기는 냉장보관된 것을
구입한다. 껍질 표면에 윤기
가 있으며 탄력 있고 크림색
인 것이 좋다. 오돌도톨 껍질
이 살아 있는 닭이 신선하다.

▶▶ 만들기

1

닭은 신선한 것으로 구입하여 배를 갈
라 살을 모두 발라내고 밑간하여 잠시
재워 둔다.

2

청양고추로 매운
맛을 조절해요.

모든 불닭양념 재료를 섞어 블렌더에
갈아 ①의 닭살에 넣고 버무린다. 1시
간 정도 둔다.

3

고구마는 한입 크기로,
떡볶이는 말랑말랑하게
해서 준비해요.

불닭과 함께 볶을 고구마와 떡볶이떡,
모짜렐라치즈를 준비한다.

4

②의 닭살과 ③의 고구마, 떡볶이떡을
섞어 포도씨유를 2숟가락 두른 프라이
팬에 볶는다.

5

오븐에
구워도 되어요.

어느 정도 익으면 가스레인지 생선그
릴에 넣고 구워 낸다.

6

철판 위에 모짜렐라치즈를 얹고 은박
지로 덮어 가스불로 녹인다. 녹은 치즈
위에 ⑤의 닭을 한가운데 모아서 얹고
파슬리 가루를 뿌려 낸다.

칼로리 북

닭 • 260kcal
튀김옷 • 135kcal
포도씨유(튀김기름) •
192kcal
소스 • 92kcal

칼로리 팁 | 튀김기름에 튀기지 않고 소량의 기름만 뿌려 오븐에 구워주면 그만큼 칼로리를 낮출 수 있답니다.

소이갈릭치킨

매일 먹는 양념 중 단연 최고인 마늘은 살균 작용과 항암 작용이 뛰어나요.
조류독감도 넘지 못한 마늘의 장벽! 오늘도 열심히 마늘로 요리하여 먹어요!

1인분
679kcal

1 + 1 + 1/4

▶▶ 준비   4인분

닭	1마리(980g)
양파 간 것	7(70g)
소금	0.3(2g)
청주	3(30g)
전분	25(150g)
포도씨유	적당량
후추	약간

마늘소스

간장	8(80g)
맛술	1/3컵(60g)
물	1/2컵
청주	2(20g)
물엿	2(16g)
설탕	3(24g)
굴소스	2(28g)
후추	약간
다진 마늘	8(80g)
전분	2(12g)
물	2

플러스 팁

크로켓처럼 겉만 익혀도 되는 것은 높은 온도인 190~200℃로 튀기고, 닭처럼 속까지 익혀야 하는 것은 150~170℃에서 튀긴다.

▶▶ 만들기

1

닭은 토막낸 것을 구입하여 깨끗이 씻고 양파 간 것과 소금, 후추, 청주를 넣고 주물러 잠시 재워 둔다.

2

간장부터 후추까지 마늘소스 양념을 넣어 살짝 끓인다. 끓을 때 마늘을 넣고, 다시 끓어오르면 전분 2숟가락에 물 2숟가락을 풀어서 넣는다.

3

①의 닭에 전분을 골고루 묻힌다.

4

닭고기가 속까지 익어야 하므로 불이 너무 세지 않게 주의해요.

열 오른 튀김기름에 바삭바삭하게 두 번 튀겨낸다.

5

④의 튀겨낸 닭을 ②의 마늘소스에 골고루 버무려 낸다.

칼로리 팁 | 쇠갈비는 칼로리가 높은 부위예요. 채소를 듬뿍 넣어 포만감을 높일 수 있도록 요리하면 상대적으로 고칼로리 쇠갈비를 섭취하는 양이 줄어들어 칼로리를 낮출 수 있답니다.

영양쇠갈비찜

1인분
795kcal

갈비는 핏물을 빼지 않으면 색도 검어지고 맛도 없답니다.
하지만 너무 오래 담가 두면 수용성 영양분이 녹아나올 수 있으니 주의하세요!

▶▶ 준비   2인분

쇠갈비 · · · · · · · · ·	8토막(500g)
당근 · · · · · · · · · · ·	1/3개(40g)
감자(소) · · · · · · · · ·	1개(100g)
양파 · · · · · · · · · · ·	1/4개(70g)
마른 표고 · · · · · · · ·	3개(30g)
마른 은행 · · · · · · · ·	8개(17g)
대파 · · · · · · · · · · ·	1/3대(30g)
청 · 홍고추 · · · · · · ·	1/3개씩(16g)
물 · · · · · · · · · · · · ·	15

양념장

간장 · · · · · · · · · · ·	4(40g)
배 · · · · · · · · · · · · ·	1/8쪽(40g)
설탕 · · · · · · · · · · ·	1(8g)
물엿 · · · · · · · · · · ·	1(8g)
다진 마늘 · · · · · · · ·	1(10g)
참기름 · · · · · · · · · ·	1(6g)
볶은 깨 · · · · · · · · ·	1(4g)
후추 · · · · · · · · · · ·	약간

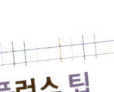

플러스 팁

양념을 넣기 전에 고기를 한 번 끓여야 부드러운 갈비찜 이 된다. 압력솥을 이용해도 좋다.

▶▶ 만들기

1

중간에 물을 두세 번 갈아 주어요.

갈비는 찜용으로 구입하여 찬물에 30 분 이상 담가 핏물을 뺀다.

2

감자와 당근은 밤알 크기로 썰어 모서리를 깎아 두어요.

청 · 홍고추와 대파는 어슷썰기한다. 마른 표고는 불려서 양파와 함께 썬다.

3

배를 강판에 갈아 나머지 양념장 재료 를 넣고 섞어 둔다.

4

끓는 물에 ①의 핏물 뺀 갈비를 넣고 데친 후 건져 놓는다.

5

감자, 당근, ④의 갈비에 양념장과 물 을 넣고 고루 섞어 끓이다가 양파, 표 고, 은행을 넣어 끓인다.

6

갈비와 채소에 양념이 배어 어느 정도 졸아들면 청 · 홍고추와 대파를 넣고 졸인다.

칼로리 북

베이비립 • 489kcal
바비큐소스 • 394kcal

베이비폭립바비큐소스구이

이렇게 쉬운 요리가 왔어요~
과정이 간단해서 부담 없이 폼 나게 차려낼 수 있는
손님상 요리로도 손색이 없답니다.

▶▶ 준비   1인분

베이비립 · · · · · · · · · · · 1대(360g)
대파 · · · · · · · · · · · · · · 1대(35g)
양파 · · · · · · · · · · · · · 1/4개(40g)
마늘 · · · · · · · · · · · · · · 3개(13g)
생강 · · · · · · · · · · · · · · · 4개(4g)
통후추 · · · · · · · · · · · · · · · · 조금

바비큐소스

바비큐소스 · · · · · · · · · · 10(140g)
우스터소스 · · · · · · · · · · · 2(20g)
케첩 · · · · · · · · · · · · · · · 3(42g)
레드와인 · · · · · · · · · · · · 3(30g)
황설탕 · · · · · · · · · · · · · 2(16g)
다진 마늘 · · · · · · · · · · · · 1(10g)

플러스 팁

압력솥에 물을 약간 넣고 찌
면 단시간에 익힐 수 있다.
너무 푹 익히면 살이 물러 뼈
가 쏙 빠져버릴 수 있으니 주
의해야 한다.

▶▶ 만들기

1

베이비립은 1시간쯤 찬물에 담가 핏물
을 뺀다.

2

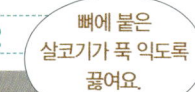

뼈에 붙은
살코기가 푹 익도록
끓여요.

냄비에 물, 대파, 양파, 마늘, 생강, 통
후추를 넣고 팔팔 끓으면 ①의 베이비
립을 넣고 뚜껑을 덮어 30분 이상 푹
끓인다.

3

소스팬에 바비큐소스 재료를 모두 넣
고 끓여 준비한다.

4

삶은 베이비립 앞뒤에 ③의 바비큐소스
를 골고루 발라 1시간 이상 소스가 배도
록 재워 둔다.

5

예열해 둔 오븐이나 가스레인지 생선그
릴, 뚜껑 있는 프라이팬에 나머지 양념
을 덧발라가며 노릇노릇하게 굽는다.

채소, 버섯, 해초, 콩 등을 재료로 만든 작은 반찬이에요.
밑반찬 하나만으로는 밥반찬이 되기 어렵지만, 메인반찬으로는 부족할 수 있는 비타민,
미네랄 등의 영양분을 보충할 수 있어요. 그냥 밥보다는 맛있지만 칼로리가 높은
파트 4의 한그릇 요리를 먹을 때는 밑반찬 하나만 곁들여도 충분해요.

PART 3

밑반찬

칼로리 북

배추 • 6kcal
양념 • 10kcal
참기름 • 3kcal
볶은 깨 • 2kcal

칼로리 팁 | 김치의 칼로리는 정말 낮아요. 드레싱 때문에 칼로리가 높아지는 서양의 샐러드에 비교할 수 없는 저칼로리 고섬유소식 이지요.

배추겉절이

어찌 보면 복잡한 샐러드보다 더 쉬운 배추겉절이 한 접시!

1인분
21kcal

▶▶ 준비　　　　　　　10인분

배추 ··········1/2통(500g)
굵은 소금 ·········3(21g)
쪽파 ···········1줌(25g)
홍고추 ·········1개(10g)
고춧가루 ·········4(16g)
설탕 ···········1(8g)
소금 ·········0.5(3.5g)
다진 마늘 ········1(10g)
다진 생강 ·······0.3(3g)
볶은 깨 ·········1(4g)
참기름 ·······0.5(3g)

플러스 팁

배춧잎을 잘 자르면 항상 줄기와 잎을 함께 먹을 수 있다. 일단 세로로 반으로 가른 뒤 사선으로 자르면 줄기와 잎 부분이 고루 섞인 배추겉절이를 만들 수 있고 배춧잎의 굵은 섬유질도 끊을 수 있다.

▶▶ 만들기

1

중간에 뒤집어 소금이 고루 섞일 수 있도록 해요.

배추를 잘라 굵은 소금을 고루 흩뿌려 1시간 동안 절인다.

2

잘 절여진 배추를 깨끗한 물에 헹궈 체에 밭쳐 물기를 뺀다.

3

홍고추는 어슷썰기하고, 쪽파는 5cm 길이로 잘라 넣는다.

4

소금 대신 까나리 액젓을 넣을 수도 있어요.

고춧가루와 소금, 설탕, 다진 마늘, 다진 생강을 넣고 버무린다.

5

볶은 깨와 참기름을 넣어 완성한다.

칼로리 북

무 • 18kcal
마늘 • 1kcal
대파 • 1kcal
볶은 깨 • 2kcal
들기름 • 18kcal

칼로리 팁 | '무'가 '무나물'이 되면서 칼로리는 두배로 증가해요.
양념을 안 넣을 수는 없으니 조금씩 줄여 넣어 먹는 버릇을 들이도록 해요.

무나물볶음

1인분
40kcal

$\frac{1}{6}$

배추와 함께 대한민국 2대 채소의 하나인 무.
과식을 하여 소화가 잘 안 될 땐 생 무를 씹어 먹어 보세요!
소화 작용을 돕는 디아스타아제 효소가 많아 소화를 촉진시켜 준답니다.

▶▶ 준비   3인분

무 · · · · · · · · · ·6cm 1토막(300g)
대파 · · · · · · · · · · · ·조금(10g)
들기름 · · · · · · · · · · · · ·1(6g)
소금 · · · · · · · · · · · · ·0.3(2g)
다진 마늘 · · · · · · · · · · ·0.3(3g)
볶은 깨 · · · · · · · · · · · ·0.3(1g)

▶▶ 만들기

1

무는 깨끗이 씻어 껍질을 벗기고 채썰어 둔다.

2

들기름을 두른 프라이팬에 무를 넣고 살짝 볶는다.

플러스 팁

무의 매운 맛은 알릴(allyl)화
합물 때문이며, 무를 먹고 트
림을 하는 것은 무 특유의 냄
새 성분인 메틸멜캅탄
(CH_3SH) 성분에 의한 것이다.
매운 맛이 적고 단맛이 나며
잔뿌리가 적고 모양이 매끈
한 것이 좋은 무다.

3

오래 익힐수록 무가
푹 물러지니 익히는 시간은
기호에 맞게 조절해요.

대파와 소금, 다진 마늘, 볶은 깨를 넣
고 양념하여 살짝 볶은 뒤 뚜껑을 덮고
익힌다.

칼로리 북

콩나물 • 15kcal
양념 • 13kcal
포도씨유 • 13kcal

칼로리 팁 | 콩나물을 양념하여 볶으면 삶아서 무친 것과는 색다른 맛이 나요. 볶음기름 때문에 칼로리가 다소 높아지기는 하지만 시도
해볼만한 요리랍니다.

콩나물매운볶음

아삭아삭 고소하게 씹히는 콩나물은 씹는 즐거움까지 줘요!

▶▶ 준비
4인분

콩나물	2줌(200g)
대파	조금(10g)
홍고추	1/3개(10g)
포도씨유	1(6g)
고춧가루	1.5(6g)
볶은 깨	1(4g)
소금	0.2(1g)
다진 마늘	0.5(5g)
후추	약간

플러스 팁
마른 새우를 곱게 갈아 넣으면 새우 특유의 감칠맛이 어우러져 독특한 콩나물볶음 요리가 된다.

▶▶ 만들기

1

콩나물은 깨끗이 씻어 물기를 빼고, 양파는 채썰고, 대파와 홍고추는 어슷썰기한다.

2

달군 프라이팬에 포도씨유를 두른 뒤 콩나물, 고춧가루, 소금을 넣고 볶는다.

3

콩나물이 한 숨 죽으면 다진 마늘과 대파와 홍고추를 넣고 볶는다.

4

소금, 후추로 간을 하고, 볶은 깨를 솔솔 뿌리면서 완성한다.

칼로리 북

삶은 고사리 • 10kcal
실고추 • 1kcal
대파 • 1kcal
들기름 • 21kcal
양념 • 9kcal

고사리나물

고사리의 유해 성분은 물에 삶는 과정에서 제거할 수 있어요~
무기질이 많고 섬유질이 많아 변비예방에도 좋답니다!

▶▶ 준비   5인분

삶은 고사리 · · · · · · · · · 2컵(230g)
대파 · · · · · · · · · · · · · 조금(20g)
다진 마늘 · · · · · · · · · · · 1(10g)
들기름 · · · · · · · · · · · · · 2(12g)
국간장 · · · · · · · · · · · · · 2(20g)
볶은 깨 · · · · · · · · · · · · · 1(4g)
소금 · · · · · · · · · · · · · · · 약간
실고추 · · · · · · · · · · · · · 약간

▶▶ 만들기

1

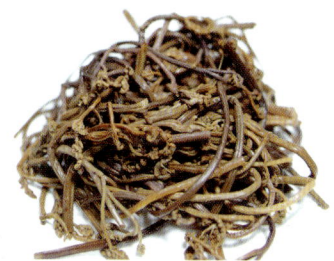

삶은 고사리는 끓는 물에 살짝 데쳐 물기를 꼭 짜서 적당한 길이로 썰어 둔다.

2

어슷썬 대파와 다진 마늘, 들기름, 국간장, 볶은 깨를 넣고 양념하여 조물조물 무친다.

3

프라이팬에 그대로 볶는다. 싱거우면 소금으로 간을 하고 실고추를 뿌려 낸다.

플러스 팁

고사리는 밝은 갈색을 띠고 잎이 많이 피지 않은 것이 좋다. 생고사리에는 비타민 B₁을 파괴하는 효소가 들어있지만 충분히 삶으면 괜찮다. 생고사리의 쓰고 떫은 맛은 삶아서 찬물에 담가 두면 없앨 수 있다.

Strawberry

love

칼로리 북

느타리버섯 • 23kcal
대파 • 1kcal
양념 • 19kcal

칼로리 팁 | 버섯류는 칼로리가 낮아요. 기름에 볶지 않고 데쳐서 무치면 칼로리를 낮출 수 있답니다.

느타리버섯 나물

느타리버섯으로 나물을 무쳐 먹어요! 칼로리는 낮고 에르고스테롤이 많아 항암 작용을 하고 동맥경화, 고혈압의 예방과 치료에 좋답니다.

▶▶ 준비   2인분

느타리버섯 · · · · · · · · 2.5줌(180g)
대파 · · · · · · · · · · · · · · 조금(10g)
양념
참기름 · · · · · · · · · · · · · 0.5(3g)
간장 · · · · · · · · · · · · · · · 0.5(5g)
다진 마늘 · · · · · · · · · · · 0.3(3g)
볶은 깨 · · · · · · · · · · · · · 0.3(1g)
소금 · 후추 · · · · · · · · · · · · 약간

▶▶ 만들기

1

느타리버섯은 깨끗한 물에 한번 씻어 건져 끓는 물에 데쳐낸다.

2

데쳐낸 버섯을 꼭 짠 뒤, 대파와 양념을 넣고 조물조물 무친다.

플러스 팁

버섯류는 수분과 식이섬유의 함량이 높고 칼로리는 낮다. 필수아미노산과 각종 비타민, 무기질을 함유하고 있어 다이어트 건강식품으로 손꼽힌다.

칼로리 북

깻잎순 • 13kcal
양념 • 31kcal

칼로리 팁 | 깻잎순보다 양념의 칼로리가 더 높아요. 들기름과 볶은 깨의 양을 조절하여 조금만 덜 고소하게 먹는다면 그만큼 칼로리를 낮출 수 있습니다.

깻잎나물**볶음**

깻잎은 생으로 먹어도, 양념장에 찜을 해서 먹어도, 나물로 볶아 먹어도 맛있어요.
어느 것 하나 어울리지 않는 요리법이 없답니다.

1/6

▶▶ 준비   5인분

깻잎순 · · · · · · · · · · · · · 1봉(230g)
대파 · · · · · · · · · · · · · 조금(10g)
다진 마늘 · · · · · · · · · · · 1(10g)
들기름 · · · · · · · · · · · · · 2(12g)
국간장 · · · · · · · · · · · · · 2(20g)
볶은 깨 · · · · · · · · · · · · · 1(4g)

▶▶ 만들기

1

소금을 약간 넣고 데쳐요.

깻잎순은 흐르는 물에 깨끗이 씻어 이
물질을 제거한 뒤, 끓는 물에 데치고
찬물에 헹궈 물기를 꼭 짜 둔다.

2

①의 깻잎순에 대파와 다진 마늘, 들기
름, 국간장, 볶은 깨를 넣고 조물조물
무친다.

3

무쳐낸 깻잎순을 살짝 볶는다.

칼로리 북

물파래 • 18kcal
무 • 4kcal
양념 • 27kcal

칼로리 팁 | 물파래의 칼로리가 워낙 낮아 양념의 칼로리가 더욱 높아보여요. 조금만 덜 달콤하게 먹는다면 그만큼 칼로리를 낮출 수 있습니다.

물파래초무침

1인분
49kcal

새콤달콤 물파래초무침은 칼로리도 낮을 뿐더러 식욕도 돋워 줘요.
칼슘과 철분, 비타민 A, 비타민 C가 풍부한 파래로 뚝딱 만들 수 있는
손쉬운 반찬이랍니다.

▶▶ 준비　　　　　3인분

물파래 · · · · · · · · · · ·4덩이(280g)
무 · · · · · · · · · · · · · ·조금(60g)
양념
식초 · · · · · · · · · · · · · ·4(40g)
설탕 · · · · · · · · · · · · · ·2(16g)
소금 · · · · · · · · · · · · · ·0.3(2g)
볶은 깨 · · · · · · · · · · · ·0.3(1g)
다진 마늘 · · · · · · · · · · ·0.3(3g)

▶▶ 만들기

1

물파래는 끓는 물에 살짝 데친다.

2

찬물에 흔들어 씻어 건져 물기를 꼭 짜
둔다.

3

무를 곱게 채썰고, 데쳐 둔 파래와 섞
어 양념을 모두 넣고 고루 무친다.

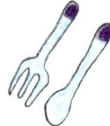

칼로리 팁 | 감자가 볶음 팬에 눌어붙지 않도록 해야 볶을 때 기름양을 줄일 수 있어요.

감자채피망볶음

감자에 피망의 맛과 향이 어우러지니 100점 만점 반찬이에요!

1인분
49kcal

▶▶ 준비   5인분

감자 · · · · · · · · · · · · · ·2개(280g)
양파 · · · · · · · · · · · · ·1/4개(30g)
청 · 홍피망 · · · · · · · ·1/4개씩(20g)
포도씨유 · · · · · · · · · · · · ·2(12g)
볶은 깨 · · · · · · · · · · · · ·1(4g)
소금 · · · · · · · · · · · · · ·0.3(2g)
후추 · · · · · · · · · · · · · · ·약간

플러스 팁

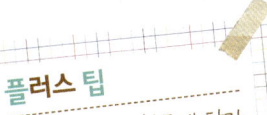

감자를 채썰어 찬물에 담가 전분을 제거한 뒤 요리하면 프라이팬에 눌어붙지 않아 깔끔한 감자볶음이 된다.

▶▶ 만들기

감자의 절단면에 묻어 나오는 전분을 씻어내요.

1

감자는 적당한 크기로 채썰어 찬물에 잠시 담갔다가 체에 밭쳐 물기를 뺀다.

2

청피망과 홍피망, 양파는 채썬다.

3

달군 프라이팬에 포도씨유를 두르고 감자를 먼저 볶는다.

4

감자가 어느 정도 익으면 ②의 청 · 홍 피망, 양파를 넣고 소금, 후추로 간하여 볶고 볶은 깨도 솔솔 뿌린다.

칼로리 북

가지 • 24kcal
양념 • 28kcal

칼로리 팁 | 가지를 기름에 볶지 않고 찜통에 쪄내는 것이 칼로리를 낮출 수 있는 비결이랍니다.

가지찜나물

가지는 칼로리는 거의 없으면서 질감은 고기를 씹는 것과 비슷해요.
가지를 쪄서 무치면 저칼로리 반찬이 뚝딱 완성되지요!

1인분
52kcal

▶▶ 준비   3인분

가지 · · · · · · · · · · · ·3개(450g)
대파 · · · · · · · · · · · ·조금(10g)
참기름 · · · · · · · · · · · ·1(6g)
국간장 · · · · · · · · · · · ·2(20g)
다진 마늘 · · · · · · · · · ·0.5(5g)
볶은 깨 · · · · · · · · · · · ·0.5(2g)

▶▶ 만들기

1

가지는 길게 4등분하고, 대파는 어슷
썰기한다.

2

너무 오래 찌면
가지가 푹 물러져
맛이 없어요.

가지는 김오른 찜통에 5분 정도 쪄낸다.

3

가지가 쪄지면 물기를 꼭 짜 둔다.

4

다진 파와 국간장, 다진 마늘, 참기름,
볶은 깨를 넣고 조물조물 무쳐낸다.

칼로리 팁 | 양념의 양을 낮출수록 칼로리는 줄어들어요.

깻잎양념찜

깻잎은 철분과 비타민이 풍부해요.
특히나 철분 함량은 시금치의 2배나 된답니다!

1인분
54kcal

1/6

▶▶ 준비   4인분

깻잎	4묶음(60g)
청·홍고추	1/2씩(20g)
당근	조금(10g)
양파	1/4개(30g)
대파	조금(10g)
양념	
간장	4(40g)
설탕	1(8g)
물엿	2(16g)
다진 마늘	1(10g)
볶은 깨	0.5(2g)
포도씨유	1(6g)
물	4(40g)

▶▶ 만들기

1

깻잎은 깨끗이 씻어 물기를 빼 둔다.

2

청·홍고추와 당근, 양파, 대파를 채썰어 넣고, 양념을 모두 섞어 양념장을 만든다.

3

냄비에 깻잎과 양념장을 켜켜이 얹고, 포도씨유를 1숟가락 두른다.

4

뚜껑을 덮고 5분간 쪄낸다.

플러스 팁

깻잎은 솜털같은 잔가시가 붙어있어 까슬까슬하고, 가장자리 모양이 뚜렷한 것이 싱싱한 것이다. 씻을 때에는 채소전용세제를 사용하거나, 식초 한 방울 떨어뜨린 물에 담갔다가 한 잎씩 떼어 흐르는 물에 씻는다.

칼로리 북

염장미역줄기 • 15kcal
맛살 • 13kcal
양념 • 28kcal

칼로리 팁 | 볶을 때 기름의 양을 최소한으로 넣는 것이 칼로리를 낮추는 비결이에요.

미역줄기맛살볶음

미역줄기는 정말 칼로리가 낮지요. 고소하게 볶아
오득오득 씹어 먹는 요 맛이 매력이에요!

1인분
56kcal

1/6

▶▶ 준비

5인분

염장미역줄기 · · · · · · · · · 1팩(360g)
맛살 · · · · · · · · · · · · · · 2줄(56g)
포도씨유 · · · · · · · · · · · · · 2(12g)
다진 마늘 · · · · · · · · · · · · 1(10g)
볶은 깨 · · · · · · · · · · · · · · 1(4g)

▶▶ 만들기

미역줄기마다 짠맛이
다르니 담그는 시간을
조절해요

1

염장미역줄기는 물에 씻고 헹궈 소금
을 씻어낸 뒤, 30분 정도 물에 담가 소
금기를 뺀다.

2

맛살은 3등분하여 찢어 두고, 미역줄
기는 소금기가 적당히 빠지면 건져 내
어 맛살 크기로 썬다.

3

포도씨유를 두른 프라이팬에 미역줄기
와 맛살, 다진 마늘을 넣어 볶고 볶은
깨를 솔솔 뿌린다.

애호박새우젓볶음

달큰한 국물이 우러나오는 애호박새우젓볶음이에요!

1/5

▶▶ 준비   2인분

애호박 · · · · · · · · · · 1/2개(150g)
새우젓 · · · · · · · · · · · · 1(10g)
대파 · · · · · · · · · · · · 조금(15g)
홍고추 · · · · · · · · · · · 1/3개(7g)
다진 마늘 · · · · · · · · · · 0.5(5g)
포도씨유 · · · · · · · · · · · 1(6g)

플러스 팁
새우젓은 크기가 균일하고 살이 분홍빛이며 통통한 것이 맛있다. 담근 시기에 따라 오젓, 육젓, 추젓, 백하젓으로 나뉘는데 새우가 살이 잘 오른 6월에 담근 육젓을 최고로 친다.

▶▶ 만들기

1

애호박은 반달 모양으로 썰고, 홍고추와 대파는 어슷썰기한다.

2

달군 프라이팬에 포도씨유를 두르고 호박을 먼저 볶는다.

3

새우젓과 다진 마늘을 넣고 양념하여 볶는다.

4

대파와 홍고추를 마저 넣고 함께 볶아서 완성한다.

칼로리 팁 | 양념 속의 고추장 칼로리가 생각보다 높으니 많이 넣지 않도록 해요.

방게고추장양념조림

1인분
77kcal

칼슘을 덩어리째 섭취할 수 있는 방게가 왔어요~
고추장조림으로 매콤하게!

▶▶ 준비   4인분

방게	1.5컵(142g)
포도씨유	1(6g)
양념장	
고추장	2(28g)
고춧가루	0.5(2g)
다진 마늘	1(10g)
다진 파	1(10g)
물엿	2(16g)
설탕	1(8g)
볶은 깨	0.5(2g)

▶▶ 만들기

1

방게는 흐르는 물에 깨끗이 씻어 물기를 빼고, 달군 프라이팬에 포도씨유를 두르고 잘 익도록 볶는다.

2

고추장과 고춧가루에 다진 마늘과 다진 파를 넣고 물엿, 설탕, 볶은 깨를 넣어 잘 섞어 양념장을 만든다.

플러스 팁

방게에는 100g당 4,668mg의 칼슘이 함유되어 있다. 껍데기째 조려 통째로 먹기 때문에 껍데기에 있는 칼슘을 모두 섭취할 수 있다.

3

①의 볶은 게에 양념장을 넣고 고루 섞어 조린다.

칼로리 북

오이 • 9kcal
영양부추 • 11kcal
양념 • 60kcal

칼로리 팁 | 오이와 영양부추는 칼로리가 워낙 낮아 부담 없이 먹을 수 있는 채소예요.

오이영양부추생채

오이는 정말 칼로리 걱정 없이 먹을 수 있는 식품이에요.
아삭아삭 부추와 함께 무쳐 먹으면 입맛도 돋워 주고
비타민도 제공해 주는 좋은 재료지요.

1인분
80kcal

▶▶ 준비   2인분

오이 · · · · · · · · · · · · · · 1개(190g)
영양부추 · · · · · · · · · · · 1줌(40g)
홍고추 · · · · · · · · · · · · · 1/3개(8g)
양념
고추장 · · · · · · · · · · · · · 1(14g)
고춧가루 · · · · · · · · · · · · 2(8g)
식초 · · · · · · · · · · · · · · 1(10g)
설탕 · · · · · · · · · · · · · · 1(8g)
다진 마늘 · · · · · · · · · · · 1(10g)
볶은 깨 · · · · · · · · · · · · 0.5(2g)
소금 · · · · · · · · · · · · · · 약간

▶▶ 만들기

1

오이는 반으로 잘라 홍고추와 함께 어
슷썰기하고, 부추는 오이와 비슷한 길
이로 썰어 준비한다.

2

볼에 ①을 모두 넣고 고루 섞는다.

플러스 팁

오이에 들어 있는 비타민 C
파괴 효소의 작용은 식초나
간장으로 억제할 수 있다.
쓴맛이 나는 꼭지의 초록 부
분은 제거하고 요리하도록
한다.

3

부추가 너무 숨이 죽지
않도록 주의해요.

고추장, 고춧가루, 식초, 설탕, 다진
마늘, 볶은 깨, 소금을 넣고 버무린다.

칼로리 북

쑥갓 • 10kcal
두부 • 51kcal
양념 • 50kcal

칼로리 팁 칼로리가 낮은 쑥갓을 많이 넣을수록 한 접시당 칼로리가 낮아져요.

쑥갓두부무침

1인분
111kcal

나물에 부족한 단백질을 두부가 보충해 줘요!
두부의 고소하고 부드러운 맛이 나물과 잘 어울린답니다.

▶▶ 준비   4인분

쑥갓 ··········1봉지(200g)
두부 ··········1/3모(260g)
대파 ···········조금(10g)
소금·후추 ··········약간
참기름 ···········1(6g)
볶은 깨 ···········1(4g)

플러스 팁

쑥갓은 녹황색 채소로 비타
민 A와 C가 풍부하고, 칼슘
과 칼륨 성분도 많이 함유하
고 있다. 줄기가 가늘고 잎이
넓은 것이 좋다. 줄기를 부러
뜨려 보아 쉽게 부러지지 않
으면 신선하지 않은 것이다.

▶▶ 만들기

1

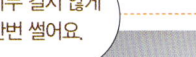
쑥갓이 너무 길지 않게
칼로 한번 썰어요.

쑥갓은 깨끗이 씻어 끓는 물에 데쳐 찬
물로 헹궈 물기를 꼭 짜고, 대파는 어
슷썰기한다.

2

두부는 면보에 싸서 살짝만 물기를 짜
①내어 으깨 놓는다.

3

②의 두부와 ①의 쑥갓을 고루 잘 풀어
섞는다.

4

대파와 소금·후추를 넣고 간을 한 뒤,
참기름과 볶은 깨를 마저 넣고 잘 버무
린다.

칼로리 북

아몬드 • 72kcal
멸치 • 19kcal
검정깨 • 2kcal
참기름 • 5kcal
양념 • 30kcal

아몬드잔멸치볶음

아몬드는 단백질과 비타민 E, 마그네슘, 섬유소가 풍부하고,
나쁜 콜레스테롤인 LDL-콜레스테롤 수치를 낮춰 줘요.
간식으로도 좋지만 반찬으로도 딱이랍니다!

▶▶ 준비   5인분

잔멸치 · · · · · · · · · · · · ·1컵(40g)
통아몬드 · · · · · · · · · · ·1/2컵(60g)
포도씨유 · · · · · · · · · · · ·2(12g)
물엿 · · · · · · · · · · · · · ·2(16g)
검정깨 · · · · · · · · · · · · ·0.5(2g)
참기름 · · · · · · · · · · · · ·0.5(3g)

플러스 팁
멸치는 잘못 보관하면 찌든
냄새가 나므로 밀봉하여 냉
동보관하는 것이 좋다.

▶▶ 만들기

1

기름을 두르지 않은 마른 프라이팬에
멸치를 넣고 볶아 비린내를 없앤다.

2

포도씨유를 두르고 볶다가 물엿을 넣
고 마저 볶는다.

3

여기에 통아몬드를 넣고 검정깨와 참
기름을 넣어 살짝만 더 볶아 완성한다.

칼로리 북

새송이버섯 • 9kcal
햄 • 78kcal
양파 • 5kcal
양념 • 53kcal

칼로리 팁 | 햄은 칼로리가 높아요. 칼로리가 낮은 새송이버섯을 많이 넣으면 그만큼 고칼로리 햄은 적게 먹게되어 칼로리를 낮출 수 있답니다.

새송이버섯햄구이

고기와 질감이 비슷한 새송이버섯에 햄으로 고소한 맛을 더해요!

▶▶ 준비   2인분

새송이버섯 ········· 3개(65g)
햄 ············· 3조각(80g)
양파 ··········· 1/4개(30g)
포도씨유 ·········· 2(12g)
소금 · 후추 · 볶은 깨 ······ 약간씩

▶▶ 만들기

1

햄은 납작하게 네모로 썰고, 새송이버섯과 양파도 비슷한 크기로 썬다.

2

프라이팬에 포도씨유를 두르고 먼저 햄과 양파를 볶는다.

3

햄과 양파가 익으면 새송이버섯을 넣고 함께 볶는다.

4

양파와 새송이버섯의 숨이 죽으면 소금 · 후추 · 볶은 깨를 넣고 볶아 낸다.

> 햄의 짠맛이 새송이버섯에 배는 것을 생각해 소금간을 조절해요.

칼로리 북

가지 • 8kcal
모짜렐라치즈 • 72kcal
토마토 • 11kcal
마늘 • 4kcal
올리브유 • 103kcal
포도씨유 • 52kcal

칼로리 팁 | 올리브유는 건강에 유익한 점이 많지만 높은 칼로리를 낸다는 것은 여느 기름과 같아요. 칼로리를 생각한다면 너무 많이 넣지 않도록 해요.

가지치즈구이말이

1인분
250kcal

5/6

가지는 수분이 많고 당질이 적어 칼로리가 낮은 채소예요.
가지의 예쁜 보라색을 나타내는 색소는 안토시안(anthocyan)의 일종인데,
항산화 작용이 있어 노화 방지 효과를 낸답니다.

▶▶ 준비   1인분

가지 슬라이스 ········· 4장(50g)
포도씨유 ············· 1(6g)
모짜렐라치즈 ········· 약간(25g)
토마토 ············· 1/2개(80g)
올리브유 ············· 2(12g)
다진 마늘 ············· 0.3(3g)
파슬리가루 ············· 약간

▶▶ 만들기

1

가지는 0.3mm 두께로 썰어 포도씨유
를 두른 프라이팬에 앞뒤로 굽는다.

2

①에 모짜렐라치즈를 얹어 녹인다.

3

②를 돌돌 만다.

4

토마토는 굵게 다져 접시에 담는다.

5

파슬리가루를
뿌리면 더
먹음직스러워요.

돌돌 말아 놓은 가지를 토마토 위에 담
고 올리브유와 다진 마늘을 섞어 뿌려
낸다.

한그릇이라 차리기도 편하고 치우기도 편한 밥요리와 면요리를 소개해요.
한그릇만 뚝딱 먹어도 맛있지만 밑반찬을 곁들이면 영양 밸런스가 더욱 좋아지지요.
한그릇요리에서는 밥과 면이 다른 재료들과 어루러져 칼로리가
높아지니 메뉴를 구성할 때 신경써야 해요.

PART 4

한그릇요리

칼로리 팁 | 단호박은 정말 칼로리가 낮아요. 단호박영양밥을 먹을 때 단호박 위주로 먹는다면 섭취하는 칼로리를 줄일 수 있지요.

단호박영양밥

단호박은 정말 팔방미인이에요.
여기저기 안 어울리는 요리가 없지요.
모양도 예쁜 단호박영양밥은 손님상에도 잘 어울려요~

▶▶ 준비   3인분

단호박 · · · · · · · · · · · 1개(600g)
찹쌀 · · · · · · · · · · · · 1컵(150g)
흑미 · · · · · · · · · · · · · 1(10g)
마른 대추 · · · · · · · · · 2개(5g)
은행 · · · · · · · · · · · · 7개(15g)
강낭콩 · · · · · · · · · · · 2(20g)
물 · · · · · · · · · · · · · · · 14

플러스 팁

단호박을 덜 무르게 하고 싶
으면 찹쌀을 먼저 따로 쪄 익
힌 뒤, 물기 없이 단호박 안
에 담아 영양밥을 짓는다. 이
렇게 하면 찹쌀의 물이 단호
박에 스며들지 않아 단호박
이 덜 물러진다.

▶▶ 만들기

1

찹쌀은 흑미와 함께 미리 씻어 물에 담
가 불린다.

2

은행은 껍질을 까고, 대추는 씨를 빼고
채썰어 강낭콩과 함께 준비한다.

3

단호박은 깨끗이 씻어 위꼭지 부분을
자르고 씨를 파낸다.

4

압력솥의 추가
울리면 10분만
더 쪄요

여기에 1의 불린 찹쌀과 2의 은행, 대
추, 강낭콩을 고루 섞어 넣고 압력솥에
쪄낸다.

칼로리 북

쌀밥 • 307kcal
야채 • 11kcal
오징어 • 44kcal
양념 • 56kcal

칼로리 팁 | 오징어와 채소류 모두 저칼로리 재료라 부담없이 요리에 마음껏 넣을 수 있어요.

오징어굴소스볶음덮밥

양념의 칼로리가 만만치 않지요? 덮밥 국물이라고 해서 얕보지 마세요!

1인분
418kcal

1 + 2/5

▶▶ 준비   2인분

쌀밥 · · · · · · · · · 2공기(420g)		굴소스 · · · · · · · · · 2(28g)
오징어 · · · · · · · 1/2마리(100g)		후추 · · · · · · · · · · · · 약간
양파 · · · · · · · · · · 1/4개(30g)		물 · · · · · · · · · · · · · 1컵
양송이버섯 · · · · · · · · 2개(35g)		참기름·볶은 깨 · · · · · · 0.5(2g)
청·홍피망 · · · · · · 1/4개씩(30g)		전분 · · · · · · · · · · · · 1(6g)
포도씨유 · · · · · · · · · · 1(6g)		물 · · · · · · · · · · · · · 1
다진 마늘 · · · · · · · · · 0.5(5g)		

플러스 팁

오징어살의 결은 가로로 나 있으므로 세로로 길게 썰어야 익혔을 때 돌돌 말리지 않는다.

▶▶ 만들기

1

오징어는 안쪽에 칼집을 내어 손가락 길이로 썬다.

2

양파와 청·홍피망은 길쭉하게 채썰고, 양송이는 모양대로 썬다.

3

포도씨유를 두른 프라이팬에 다진 마늘과 대파를 넣고 볶는다.

4

여기에 ②의 채소를 모두 넣고 굴소스와 후추를 넣고 살짝 볶는다.

5

①의 오징어도 함께 넣어 볶고, 물 1컵을 넣고 끓인다.

6

물과 전분을 1:1로 풀어 넣어 준 뒤, 참기름과 볶은 깨를 넣어 완성하고 따뜻한 밥 위에 얹어 낸다.

고추참치덮밥

1인분
443kcal

여러 가지 맛의 참치 중에서 매콤한 고추참치를 이용해 덮밥을 만들어 봐요.
더하기 채소는 냉장고에 있는 자투리 채소면 어느 것이나 좋아요.

▶▶ 준비　　　　　　　2인분

쌀밥 · · · · · · · · 2공기(420g)	당근 · · · · · · · · · 조금(20g)	대파 · · · · · · · · · 조금(10g)
고추참치 · · · · · · 1캔(100g)	애호박 · · · · · · · · 조금(25g)	물 · · · · · · · · · · · · 1/2컵
풋고추 · · · · · · · · · 1개(20g)	양송이버섯 · · · · · · 2개(28g)	소금 · · · · · · · · · · 0.3(2g)
양파 · · · · · · · · · · 조금(30g)	포도씨유 · · · · · · · · · 1(6g)	
감자 · · · · · · · · · 1/2개(33g)	다진 마늘 · · · · · · · 1(10g)	

▶▶ 만들기

1

감자, 당근, 애호박, 양파는 작게 깍둑
썰기하고, 풋고추는 동글동글하게, 양
송이는 모양대로 썬다.

2

포도씨유를 두른 프라이팬에 먼저 고
추와 양파를 중불에 볶아 매운 향을 낸
뒤, 감자-당근-나머지 채소 순으로 넣
어 볶는다.

3

채소가 어느 정도 볶아지면 고추참치
1캔을 넣고 함께 볶는다.

4

여기에 물 1/2컵을 넣고 끓인다.

5

다진 마늘과 대파, 소금으로 간을 한다.

6

따끈한 밥 위에 얹어 낸다.

쌀밥 • 307kcal
날치알 • 25kcal
오이 • 4kcal
우엉 • 16kcal
달걀 • 39kcal
양념 • 102kcal

칼로리 팁 | 양념의 칼로리는 정말 무시할 수 없지요. 평소에 싱겁게 먹는 습관을 들이면 그만큼 섭취하는 칼로리를 낮출 수 있어요.

날치알우엉주먹밥

주먹밥은 하나두개 집어먹다 보면 금세 없어져요.
포만감이 오래가도록 섬유질이 풍부한 우엉을 넣어 봤답니다.
멸치나 콩장 등 다른 밑반찬도 활용해 보세요!

1인분
493kcal

▶▶ 준비   1인분

쌀밥 · · · · · · · · · · 1공기(210g)	소금 · · · · · · · · · · · · 약간
날치알 · · · · · · · · · · 3(26g)	**우엉조림 양념**
달걀 · · · · · · · · · · 1/2개(25g)	포도씨유 · · · · · · · · · 0.5(3g)
오이 · · · · · · · · · · 1/4개(40g)	간장 · · · · · · · · · · · 0.5(5g)
우엉 · · · · · · · · · · 6cm(25g)	설탕 · · · · · · · · · · · 0.3(3g)
화이트와인 · · · · · · · · 3(30g)	쌀엿 · · · · · · · · · · · 0.5(4g)
참기름 · · · · · · · · · · 0.5(3g)	

플러스 팁

달걀지단을 부치는 데는 요령이 있다. 흰자와 노른자를 잘 저은 후 체에 걸러 주면 흰자의 멍울 없이 곱게 부칠 수 있다. 기포가 생기지 않도록 하고, 부칠 때는 프라이팬에 기름을 약간만 두르고 키친타월로 닦아낸 뒤 부친다.

▶▶ 만들기

1

오이는 반달 모양으로 썰어 굵은 소금으로 살짝 절이고 헹궈서 꼭 짠다.

2

달걀은 흰자, 노른자를 섞어 지단을 부쳐 짤막하게 채썬다.

3

쌀엿은 가장 나중에 넣어요.

우엉도 짤막하게 채썰어 우엉조림 양념을 넣고 조린다.

4

날치알은 화이트와인에 담가 비린내를 제거한다.

5

따뜻한 밥에 달걀지단, 우엉, 오이를 모두 넣고 참기름과 소금으로 간을 한다. 날치알은 마지막에 넣어 가볍게 섞는다.

6

동글동글 주먹밥을 만든다.

칼로리 팁 | 김밥 한 줄엔 밥 한공기가 들어가요. 채소의 칼로리는 낮지만 나머지 속 재료와 볶을 때 사용하는 기름의 양이 많으므로 칼로리가 높아진답니다. 칼로리를 낮추기 위해서는 볶을 때 기름의 양을 최소한으로 사용하세요.

깻잎김밥

생각보다 칼로리가 높아서 놀라셨지요?! 김밥을 만들 때 각 재료를
준비하면서 쓰는 기름의 양을 줄이면 칼로리를 낮출 수 있어요.

1인분
522kcal

▶▶ 준비   5인분

쌀밥 · · · · · · · · · · · ·	5공기(1050g)
김밥김 · · · · · · · · · · ·	5장(10g)
햄 · · · · · · · · · · · · ·	5줄(75g)
맛살 · · · · · · · · · · · ·	3줄(80g)
단무지 · · · · · · · · · · ·	5줄(100g)
당근 · · · · · · · · · · · ·	2/3개(100g)
시금치 · · · · · · · · · · ·	1단(280g)
가는 우엉 · · · · · · · · ·	2줄(100g)
깻잎 · · · · · · · · · · ·	10장(24g)

밥양념
맛소금 · · · · · · · · · · ·	약간
참기름 · · · · · · · · · · ·	2(12g)
볶은 깨 · · · · · · · · · · ·	2(8g)

당근볶음
포도씨유 · · · · · · · · · · ·	1(6g)
소금 · · · · · · · · · · · ·	약간

시금치양념
참기름 · · · · · · · · · · ·	1(6g)
소금 · · · · · · · · · · · ·	0.3(2g)
볶은 깨 · · · · · · · · · · ·	0.5(2g)

우엉조림양념
물 · · · · · · · · · · · · ·	8
간장 · · · · · · · · · · · ·	3(30g)
설탕 · · · · · · · · · · · ·	1(8g)
물엿 · · · · · · · · · · · ·	1(8g)

달걀지단
달걀 · · · · · · · · · · · ·	3개(150g)
포도씨유 · · · · · · · · · · ·	1(6g)
소금 · · · · · · · · · · · ·	약간

▶▶ 만들기

1

달걀은 부쳐낸 뒤
반으로 잘라요.

달걀을 풀어서 지단을 5장 부치고 햄,
맛살, 당근은 포도씨유로 살짝 볶는다.

2

깻잎은 깨끗이
씻어 물기를 빼
두어요.

시금치는 끓는 물에 소금을 약간 넣고
데쳐 찬물에 헹궈 물기를 짠 뒤 양념하
여 무친다.

3

우엉은 껍질을 까고 길게 잘라 조림양
념을 넣고 조린다.

4

따뜻한 밥에 참기름과 볶은 깨, 맛소금
을 넣고 고루 섞어 비벼 준비한다.

5

김발 위에 김밥김을 깔고 ⑤의 밥을 얇
게 편 뒤, 달걀지단과 깻잎을 깔고 햄,
맛살, 단무지, 시금치, 우엉, 당근을 고
루 얹는다.

6

달걀지단으로 먼저 속재료들을 말아 준
뒤 김과 밥으로 전체적으로 말아낸다.

칼로리 북

쌀 • 348kcal
채소 • 42kcal
쇠고기 • 83kcal
김가루 • 1kcal
양념 • 76kcal

칼로리 팁 | 죽의 농도나 쌀의 퍼짐 정도에 따라 칼로리를 조절할 수 있어요. 물의 양이 많을수록 죽 한 공기의 칼로리는 낮아진답니다.

쇠고기양송이죽

맛있는 쇠고기 냄새와 채소향이 솔솔 풍겨오는 힘나는 죽 한 그릇!

1인분
550kcal

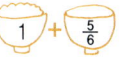

▶▶ 준비　　　　　　　1인분

쌀 · · · · · · · · · · · · · 2/3컵(100g)
쇠고기 다진 것 · · · · · · · · · 3(38g)
양파 · · · · · · · · · · · · · · 조금(20g)
당근 · · · · · · · · · · · · · · 조금(15g)
애호박 슬라이스 · · · · · · · 2장(40g)
포도씨유 · · · · · · · · · · · · · 2(12g)
다진 마늘 · · · · · · · · · · · · 1(10g)
다진 파 · · · · · · · · · · · · · 약간(4g)
청주 · · · · · · · · · · · · · · · 1(10g)
물 · · · · · · · · · · · · · · · · · 3컵
참기름 · · · · · · · · · · · · · · 1(6g)
소금 · · · · · · · · · · · · · · · · 약간
고명
김가루 · · · · · · · · · · · · 조금(0.1g)
볶은 깨 · · · · · · · · · · · · · 0.5(2g)

▶▶ 만들기

1

수용성 영양소가
손실되지 않도록
재빨리 씻어요.

쌀은 미리 씻어 불려 놓는다.

2

양파와 당근, 애호박은 잘게 다지고 양
송이는 반으로 잘라 슬라이스한다.

3

냄비에 포도씨유를 두르고 쇠고기, 마
늘, 파, 청주를 넣고 볶다가 ②의 채소
를 넣어 볶는다.

4

①의 불린 쌀을 넣고 투명해질 때까지
볶는다.

5

쌀이 익으면 물 3컵을 1컵씩 넣어 가며
끓인다.

6

기호에 맞게 쌀의 퍼짐 정도와 농도를
조절하여 끓이고 마지막에 참기름을
넣는다.

7

그릇에 죽을 담고 김가루, 볶은 깨를
뿌린다.

칼로리 북

쌀밥 • 307kcal
채소 • 48kcal
돼지고기 • 89kcal
메추리알 • 15kcal
춘장 • 55kcal
포도씨유 • 52kcal
설탕+전분 • 25kcal

칼로리 팁 | 채소의 양을 늘이고 돼지고기의 양을 줄여서 칼로리를 조절할 수 있어요.

자장덮밥

어렸을 때 엄마가 집에서 만들어주면 마냥 신기하기만 했던 자장밥.
화학조미료 무첨가 우리집표 자장밥을 만들어요! 건강에도 좋고 우리집 입맛에도 딱이에요!

▶▶ 준비　　　　　　　　　　　2인분

쌀밥 · · · · · · · · · · · · · · · ·	2공기(420g)
양파 · · · · · · · · · · · · · · ·	1/4개(55g)
애호박 · · · · · · · · · · · · ·	1/5개(30g)
감자(소) · · · · · · · · · · · ·	1개(90g)
당근 · · · · · · · · · · · · · · ·	1/4개(40g)
돼지고기 안심 · · · · · · · ·	1/2컵(80g)
포도씨유 · · · · · · · · · · · ·	1(6g)
물 · · · · · · · · · · · · · · · · ·	1.5컵
춘장 · · · · · · · · · · · · · · ·	4(56g)
포도씨유 · · · · · · · · · · · ·	1(6g)
전분 · · · · · · · · · · · · · · ·	2(12g)
물 · · · · · · · · · · · · · · · · ·	2
설탕 · · · · · · · · · · · · · · ·	0.3(3g)
고명	
오이 · · · · · · · · · · · · · · ·	조금(8g)
무순 · · · · · · · · · · · · · · ·	조금(5g)
메추리알 · · · · · · · · · · · ·	2개(24g)

플러스 팁

끓이다 보면 자장이 묽어지는 경우가 있다. 자장소스가 걸쭉해지는 것은 전분의 역할인데, 간을 보면서 침이 묻은 숟가락을 자장소스에 다시 집어넣으면 전분이 분해되면서 자장소스가 다시 묽어진다. 침 속의 전분을 분해하는 소화효소인 아밀라아제(amylase) 때문이다. 간을 볼 때는 항상 접시나 다른 숟가락에 받아 맛보는 것이 위생상으로도 좋다.

▶▶ 만들기

1

감자, 애호박, 당근, 양파, 돼지고기 안심은 굵게 깍둑썰기한다.

2

메추리알은 삶아 껍질을 까고 오이는 곱게 채썰고 무순은 깨끗이 씻어 둔다.

3

포도씨유를 1숟가락 두른 프라이팬에 춘장을 볶는다.

4

딱딱한 재료 순으로 볶아요.

다른 프라이팬에 포도씨유를 두르고 돼지고기–감자–당근–호박–양파 순으로 볶는다.

5

채소가 어느 정도 볶아지면 ③의 춘장을 넣어 볶는다.

6

전분은 자장소스가 끓고 있을 때 잘 저으며 넣어요.

물 1.5컵을 넣고 끓이다가 설탕을 약간 넣고, 감자가 익으면 물 2숟가락에 전분 2숟가락을 풀어 넣는다. 따끈한 밥 위에 자장소스를 덮고 고명을 얹어 낸다.

칼로리 팁 | 베이컨과 양념을 조절하면 칼로리를 낮출 수 있어요.

두반장김치볶음밥

1인분
594kcal

1 + 1

뭔가 오늘은 특별한 김치볶음밥이 먹고 싶을 때,
냉장고 안에 숨어있는 소스들을 찾아 넣어 나만의 김치볶음밥을 만들어 봐요.

▶▶ 준비   1인분

쌀밥 · · · · · · · · · · 1공기(210g)
배추김치 · · · · · · · · 1/2컵(85g)
베이컨 · · · · · · · · · · 2줄(28g)
양파 · · · · · · · · · · 1/4개(30g)
포도씨유 · · · · · · · · · · 2(6g)
다진 마늘 · · · · · · · · · 0.5(5g)
두반장 · · · · · · · · · · 0.5(7g)
케첩 · · · · · · · · · · · 1(14g)
우스터소스 · · · · · · · · 0.5(5g)
참기름 · · · · · · · · · · 0.5(3g)
볶은 깨 · · · · · · · · · · 0.5(3g)
달걀 · · · · · · · · · · · 1개(50g)
쪽파 · · · · · · · · · · · 조금(1g)

▶▶ 만들기

1

배추김치와 베이컨은 쫑쫑 썰고 양파
는 다져 놓는다.

2

포도씨유를 1숟가락 두른 프라이팬에
다진 양파와 베이컨, 다진 마늘을 넣고
볶는다.

3

베이컨과 양파의 향이 어느 정도 우러
나면 김치를 넣고 달달 볶는다.

4

김치가 투명하게 익으면 두반장과 케
첩, 우스터소스를 넣고 볶는다.

5

따뜻한 밥을 넣어 고루 잘 섞어 볶다
가, 참기름과 볶은 깨를 넣고 완성한다.

6

달걀프라이는 겉이
타지 않도록 부드럽게
부쳐요

포도씨유를 두른 프라이팬에 달걀프라
이를 부쳐 볶은 깨와 송송 썬 쪽파를
솔솔 뿌린다.

7

접시에 ⑤의 김치볶음밥을 담고 달걀
프라이를 얹어 낸다.

칼로리 팁 | 한 숟가락, 두 숟가락 넣는 양념의 칼로리에 유의하세요.

불고기덮밥

불고기볶음과 뚝배기불고기의 맛있는 채소와 고기 국물은 남기기엔 아까워요.
덮밥으로 만들어 남김없이 먹어봐요!

1인분
621kcal

1 + 1

▶▶ 준비   1인분

쌀밥	1공기(210g)
쇠고기	1/2컵(70g)
양파	1/4개(50g)
청·홍피망	1/4개씩(40g)
청경채	1뿌리(45g)
양송이버섯	2개(40g)

전체양념

물	1/2컵
간장	0.5(5g)
소금	약간
참기름	0.3(2g)
후추	약간
전분	1(6g)
물	1

쇠고기양념

간장	1(10g)
설탕	0.5(4g)
물엿	0.5(4g)
맛술	1(10g)
후추	약간
참기름	0.5(3g)
다진 마늘	0.5(5g)

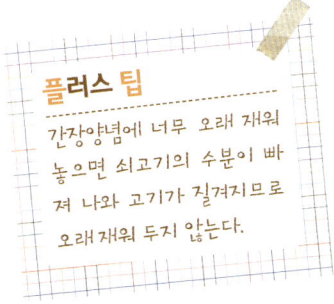

플러스 팁

간장양념에 너무 오래 재워 놓으면 쇠고기의 수분이 빠져 나와 고기가 질겨지므로 오래 재워 두지 않는다.

▶▶ 만들기

1

쇠고기는 불고기감으로 구입하여 쇠고기양념을 넣고 조물조물 버무려 잠시 재워 둔다.

2

청경채는 깨끗이 씻어 한 잎씩 떼어 두어요.

청·홍피망과 양파는 세모로, 양송이는 모양대로 썰어 준비한다.

3

프라이팬에 ①의 불고기를 먼저 앞뒤로 약간씩만 익힌다.

4

②의 채소에서 청경채를 제외한 모든 채소를 넣고 살짝 볶는다.

5

여기에 물 1/2컵을 넣고 간장과 소금으로 간을 한다.

6

물과 전분은 미리 섞어 두었다가 넣어요.

청경채도 마저 넣고 끓으면 물 1숟가락에 전분 1숟가락을 풀어 넣고 참기름과 후추를 넣어 완성한다.

칼로리 북

쌀밥 • 307kcal
피망 • 14kcal
양파 • 14kcal
양송이버섯 • 5kcal
포도씨유 • 52kcal
모짜렐라치즈 •
 259kcal

칼로리 팁 | 채소를 볶지않고 전자레인지에 가볍게 익혀 밥과 섞어 누룽지를 만들면 칼로리를 낮출 수 있어요.

누룽지밥치즈구이

절대 안 어울릴 것 같은 누룽지와 치즈가 함께 만났어요.
예상을 뛰어넘는 고소한 맛!

1인분
651kcal

▶▶ 준비   1인분

쌀밥 · · · · · · · · · · · 1공기(210g)
양송이 · · · · · · · · · · · 2개(26g)
양파 · · · · · · · · · · · 1/4개(40g)
청 · 홍피망 · · · · · · · · 1/4개씩(68g)
모짜렐라치즈 · · · · · · · · 1컵(90g)
포도씨유 · · · · · · · · · · · · 1(6g)
소금 · · · · · · · · · · · · · 0.5(3g)
후추 · · · · · · · · · · · · · · 약간

플러스 팁

치즈를 녹일 때 은박지를 덮어주면 열기가 모아져 모짜렐라치즈를 지글지글 녹일 수 있다.

▶▶ 만들기

1

양파와 청 · 홍피망은 잘게 다지고 양송이는 반으로 잘라 모양대로 자른다.

2

포도씨유를 두른 프라이팬에 ①의 채소를 모두 넣고 볶는다.

3

찬밥이라면 전자레인지에 1분 정도 돌려 넣어요.

밥 1공기를 넣어 고슬고슬하게 볶는다.

4

철판에 볶음밥을 납작하게 담고 중불에서 가열해 아래 누룽지가 생기게 한다.

5

여기에 모짜렐라치즈를 듬뿍 얹고 은박지를 씌워서 중간불로 가열해 치즈를 녹인다.

칼로리 팁 | 덮밥 국물에도 칼로리는 있답니다. 섭취하는 칼로리를 낮추기 위해서는 건더기 위주로 떠먹도록 해요.

해물잡탕밥

따뜻한 밥 위에 막 만든 해물잡탕을 얹어 내면 일품요리가 되지요.

1인분
670kcal

▶▶ 준비   1인분

쌀밥 · · · · · · · · · · · · · · 1공기(210g)
오징어(몸통) · · · · · · · 1/3마리(30g)
새우 · · · · · · · · · · · · · 4마리(40g)
홍합살 · · · · · · · · · · · · · 4개(30g)
조갯살 · 소라살 · · · · · · 반반씩(45g)

채소

죽순 · · · · · · · · · · · · · · · 조금(15g)
양파 · · · · · · · · · · · · · 1/4개(40g)
당근 · · · · · · · · · · · · · · · 조금(15g)
청경채 · · · · · · · · · · · · · 1뿌리(25g)
홍피망 · · · · · · · · · · · · 1/4개(15g)
대파 · · · · · · · · · · · · · · · · 1(4g)
다진 마늘 · · · · · · · · · · · 0.5(5g)
다진 생강 · · · · · · · · · · · 0.3(3g)

양념

포도씨유 · · · · · · · · · · · · · 1(6g)
굴소스 · · · · · · · · · · · · · 1(14g)
간장 · · · · · · · · · · · · · · · 0.5(5g)
청주 · · · · · · · · · · · · · · 1(10g)
참기름 · 볶은 깨 · 후추 · · · · · · 약간
전분 · · · · · · · · · · · · · · · 1(6g)
물 · · · · · · · · · · · · · · · · · 1컵

▶▶ 만들기

1

청경채는 한 잎씩 떼어 두어요.

양파와 홍피망은 채썰고 당근, 양송이, 죽순은 모양을 살려 썬다.

2

홍합살과 조갯살은 소금물에 씻어 물기를 빼요.

새우는 머리를 떼고 꼬리만 남겨 껍질을 모두 깐다. 오징어는 안쪽에 칼집을 넣어 손가락 길이로 썰고 소라살은 얇게 썬다.

3

포도씨유를 두른 프라이팬에 ①의 채소를 청경채만 빼고 넣어 볶는다.

4

채소가 어느 정도 익으면 넣어요.

②의 해물을 모두 넣고 굴소스와 간장, 청주를 넣고 볶다가 물 1컵을 넣고 끓인다.

5

해물이 모두 익고 맛이 우러나면 청경채를 넣는다.

6

물 1숟가락에 전분 1숟가락을 풀어 넣고 참기름과 볶은 깨, 후추를 넣고 완성한다.

7

따뜻한 밥을 접시에 담고 그 위에 ⑥을 얹어 낸다.

칼로리 팁 | 여러가지 맛을 내는 다양한 양념에도 숨은 칼로리가 있답니다. 양념이라고 무시하면 안돼요.

해물마파두부덮밥

1인분
703kcal
1 + 1 + 1/3

칼로리는 낮고 영양은 풍부한 두부는 어디에나 잘 어울리는 식재료예요. 단백질이
풍부한 해물과 함께 요리하여 영양가를 더 높였답니다.

▶▶ 준비   2인분

쌀밥	2공기(420g)
두부	2/3모(200g)
오징어(몸통)	2/3마리(60g)
새우	6마리(60g)
조갯살	4(50g)
홍합살	8개(60g)
소라살	조금(40g)

채소

청·홍고추	3개씩(80g)
양파	1/2개(70g)
다진 마늘	1(10g)
다진 파	2(8g)
청경채	1뿌리(25g)

양념

포도씨유·고추기름	1씩(12g)
청주	2(20g)
두반장	3(42g)
물	2컵
전분	2(12g)
물	2
참기름·볶은 깨	약간

▶▶ 만들기

1

청경채는 한 잎씩 뜯어 두어요.

고추는 반을 갈라 씨를 뺀 뒤 양파와
함께 잘게 썰고, 두부는 소금물에 살짝
데친다.

2

홍합살·조갯살은 소금물에 흔들어 씻고 소라살은 얇게 썰어요.

오징어는 안쪽에 칼집을 내서 썰고, 새
우는 이쑤시개로 2~3번째 마디의 내
장을 뺀다.

3

고추기름과 포도씨유를 두른 프라이팬
에 청경채를 뺀 채소를 넣고 볶는다.

4

두반장을 넣고 볶다가 물 2컵을 넣고
끓인다.

5

④가 끓으면 ②의 해물을 모두 넣고 청
주를 넣어 끓인다.

6

해물이 익으면 두부를 넣고 끓인다.

7

청경채를 넣고 뒤적인 뒤 물 2숟가락
에 전분 2숟가락을 풀어 넣는다. 마지
막에 참기름과 볶은 깨를 섞어 따뜻한
밥 위에 얹어 낸다.

칼로리 북

영계 • 787kcal
찹쌀 • 598kcal
대추 • 29kcal
수삼 • 19kcal
마늘 • 36kcal
당귀 • 2kcal

칼로리 팁 | 혼자서 먹기에는 다소 양이 많아요. 뱃속을 꽉꽉 채운 작은 영계 1마리를 혼자 뚝딱 해치우는 일은 없도록 해요.

궁중삼계탕

튼튼한 영계 한 마리와 찹쌀 1컵이면 양도 넉넉하답니다.
둘이서 먹어도 충분해요!

1인분
1471kcal

▶▶ 준비   1마리분

영계 · · · · · · · · · · · 1마리(600g)
수삼 · · · · · · · · · · · 1뿌리(19g)
찹쌀 · · · · · · · · · · · 1컵(160g)
마늘 · · · · · · · · · · · 7개(30g)
물 · · · · · · · · · · · · · · · · · 5컵
대추 · · · · · · · · · · · · · 2개(10g)
당귀 · · · · · · · · · · · · · · 조금(4g)
황기 · · · · · · · · · · · · · 조금(28g)
헛개나무 · · · · · · · · · · 조금(8g)
오가피 · · · · · · · · · · · 조금(10g)
엄나무 · · · · · · · · · · · 조금(10g)

플러스 팁

무더운 여름철 보양식으로 손꼽히는 삼계탕은 양질의 단백질 요리이다. 아삭아삭한 오이부추생채와 함께 먹으면 식감도 좋고 비타민도 보충할 수 있다.

▶▶ 만들기

1

찹쌀은 미리 씻어 물에 불려 둔다.

2

삼계탕용으로 준비된 재료를 구입하면 간편해요.

수삼 1뿌리와 마늘은 통으로 준비하고 대추와 당귀, 황기, 헛개나무, 오가피, 엄나무는 조금씩 준비한다.

3

압력솥에 대추, 당귀, 황기, 헛개나무, 엄나무를 넣고 물 5컵을 넣고 20분 끓여 우려 낸다.

4

기름을 떼고 내장을 깨끗이 정리한 영계의 뱃속에 ①의 불린 찹쌀과 마늘, 수삼을 넣고 이쑤시개로 꿰맨다. 다리 껍질에 칼집을 넣어 가지런하게 다리를 꼬아 놓는다.

5

압력솥의 추가 울리면 10분만 더 쪄요.

③의 압력솥에 ④의 속을 채운 영계를 넣고 뚜껑을 덮고 끓여 찐다.

칼로리 팁 | 토마토는 정말 칼로리가 낮아요. 파르펠레는 밀가루가 주원료로 밥과 같은 전분질 식품이에요. 그만큼 밥량을 줄여 먹도록 해야 함을 잊지 마세요.

토마토파르펠레

토마토는 수분함량이 94%나 돼 칼로리가 매우 낮아요!
토마토의 빨간색을 내는 리코펜(lycopene)은 강한 항산화 작용을 하며
동맥경화 및 전립선암, 위암, 폐암, 췌장암 등을 예방하는 효과가 있답니다.

1인분
374kcal

▶▶ 준비   3인분

파르펠레 ·············1줌(50g)
토마토 ··············1개(150g)
양파 ···············1/4개(50g)
청피망 ·············1/4개(25g)
캔옥수수 ·············2(24g)
케첩 ················2(28g)
올리브유 ··············1(6g)
물 ··················2
월계수잎 ···········1장(0.1g)

▶▶ 만들기

1

파르펠레는 끓는 물에 소금을 약간 넣고 삶아 낸다.

2

토마토와 양파, 청피망은 다지고, 캔옥수수는 물기를 빼 준비한다.

3

올리브유를 두른 프라이팬에 양파를 투명해질 때까지 볶는다.

4

다진 토마토를 넣고 함께 볶는다.

5

옥수수와 청피망, 월계수잎을 넣고 물 2숟가락을 넣고 끓인다.

6

케첩을 넣고 농도를 조절하며 끓여 식힌다.

7

삶아 놓은 파르펠레에 ⑥의 토마토소스를 넣고 잘 섞는다.

칼로리 팁 | 수제비 반죽은 밀가루로 만들어서 밥과 같은 전분류에 속해요. 밀가루 1컵 반죽이 밥 한공기와 같다는 것 유의하세요.

해물청경채수제비

밀가루에 부족한 단백질을 해물로 채워 주면 한 끼 식사로 부족함이 없어요.

1인분
447kcal

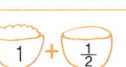

▶▶ 준비   2인분

낙지(소) ·········· 1마리(150g)		
새우(중) ········· 2마리(21g)		
바지락 ·········· 1봉(150g)		
물 ················· 4컵		
소금 ············· 0.5(3g)		
참기름 · 후추 ········ 약간씩		

야채

감자(소) ·········· 1/2개(50g)
호박 ············ 1/8개(30g)
당근 ············ 조금(10g)
양파 ············ 1/8개(50g)
청양고추 · 홍고추 ···· 1/3개씩(16g)

수제비반죽

밀가루 ·········· 2컵(180g)
청경채 ·········· 2뿌리(60g)
물 ················· 4/5컵
소금 ············· 0.1(0.5g)
포도씨유 ·········· 약간(0.3g)

▶▶ 만들기

1

청경채는 깨끗이 씻어 물 4/5컵과 함께 곱게 갈아 둔다.

2

포도씨유는 반죽 마지막 단계에 넣는다.

밀가루에 ①의 청경채와 소금, 포도씨유를 넣고 반죽을 해 한 덩어리로 뭉쳐 냉장고 안에서 30분 동안 숙성시킨다.

3

찬물 4컵에 바지락을 넣고 끓여 육수가 우러나고, 바지락이 입을 벌리면 면보에 거른다.

4

③의 바지락을 끓이는 동안 양파, 당근, 감자, 호박을 납작하게 썰고 청양고추, 홍고추는 어슷썰기해 놓는다.

5

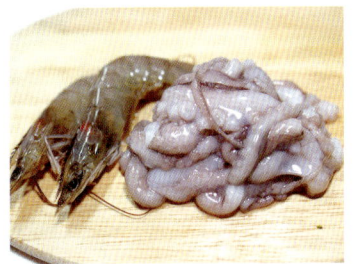

낙지는 손가락 길이로 썰고 새우는 소금물에 씻어 2~3번째 마디에서 이쑤시개를 이용해 내장을 제거한다.

6

기호에 맞게 참기름과 후추를 넣어도 좋아요.

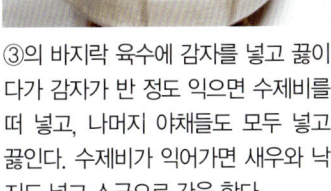

③의 바지락 육수에 감자를 넣고 끓이다가 감자가 반 정도 익으면 수제비를 떠 넣고, 나머지 야채들도 모두 넣고 끓인다. 수제비가 익어가면 새우와 낙지도 넣고 소금으로 간을 한다.

칼로리 북

칼국수 면 • 198kcal
팥 • 270kcal

팥칼국수

1인분
468kcal

1 + 3/5

팥은 지방질은 거의 없고 단백질과 당질이 풍부해요.
섬유질도 많아 비만과 변비를 예방해 준답니다!

▶▶ 준비   2인분

칼국수 면 · · · · · · · · · 2인분(300g)
팥 · · · · · · · · · · · · · · 1컵(160g)
물 · · · · · · · · · · · · · · 8.5컵
소금 · · · · · · · · · · · · · 1(7g)
설탕 · · · · · · · · · · · · · 약간

플러스 팁

팥을 삶을 때에는 냄비에 팥과 찬물을 넣고 물이 끓어오르면 잠시 후 불을 끄고 30분 정도 그대로 둔다. 여열로 팥이 통통하게 불어나면 다시 가열해 푹 익히면 된다.

▶▶ 만들기

1

팥은 깨끗이 씻어 팥알이 터질 때까지 푹 삶는다.

2

체에 밭쳐 팥알을 눌러 내린다.

3

물 1컵 반을 넣고 체에 밭치고 남은 팥 껍질을 헹궈 팥물을 받아낸다.

4

앙금은 맨 마지막에 넣어요.

②와 ③의 팥물을 모아 앙금을 가라앉히고 윗물을 조심히 따라 끓인다.

5

칼국수 면은 물에 한 번 헹궈 표면의 밀가루를 없앤 후 넣어요.

④의 팥물이 끓으면 칼국수 면을 넣고 끓인다.

6

면이 끓어 어느 정도 익으면 ④에서 가라앉았던 팥앙금을 붓고 끓여 설탕 약간과 소금으로 간을 한다.

칼로리 북

메밀국수 • 254kcal
채소 • 12kcal
가다랭이육수 • 52kcal
설탕 • 155kcal

칼로리 팁 가다랭이 육수의 단맛 뒤에 숨겨진 칼로리에 유의하세요. 설탕량을 줄이고 양파와 무의 천연 단맛을 살리면 칼로리를 낮출
수 있답니다.

냉메밀소바

1인분
473kcal

뜨거운 우동이 지겨울 때, 모든 재료를 한데 모아 훌훌 섞어 먹는 냉메밀소바는 어때요?
달콤하면서도 감칠맛 나는 가다랭이 육수와 메밀국수가 어우러진 맛!

▶▶ 준비   2인분

메밀국수	2인분(160g)
당근	1/4개(20g)
오이	1/3개(40g)
적채	1/4잎(30g)
깻잎	2장(4g)
무(소)	1토막(100g)
쪽파	1뿌리(4g)
무순	조금(8g)
고추냉이	0.5(7g)
육수	
다시마	10×10cm 3장(21g)
무	1토막(140g)
양파	1/2개(75g)
대파	1대(30g)
물	5컵
가다랭이포	1/2컵(13g)
간장	1/2컵(95g)
맛술	1/2컵(95g)
설탕	1/2컵(80g)

▶▶ 만들기

1

대파는 흰 부분을 3등분하여 준비하고 양파는 통째로, 무는 4등분하여 썬다.

2

물이 끓어오르면 다시마는 먼저 건져요.

다시마, 무, 양파, 대파를 찬물 5컵을 넣고 푹 끓인다.

3

무순은 깨끗이 씻어 두어요.

당근과 오이, 적채, 깻잎은 곱게 채썰고, 쪽파는 송송 썰어 둔다.

4

무는 강판에 갈아 면보에 살짝 짜 둔다.

5

무, 양파, 대파가 물러지면 건져 내고 가다랭이포를 넣어 15분쯤 우려내고 건진다.

6

여기에 간장, 맛술, 설탕을 넣어 한 번 더 끓여 차게 식혀 둔다.

7

메밀국수는 끓는 물에 삶아 찬물에 헹궈 건진다. 그릇에 국수를 담고 채소를 올린 뒤 찬 육수를 끼얹어 고추냉이와 함께 낸다.

칼로리 팁 면요리를 가볍게 후루룩 먹다보면 생각보다 많은 칼로리를 섭취하게 되지요. 비빔국수의 경우 비빔 양념의 칼로리도 꽤 높으니 주의하세요.

김치비빔국수

김치와 소면만 있으면 뚝딱 만들어 낼 수 있는 김치비빔국수.
김치의 맛에 따라 국수의 맛이 달라지지만, 기본양념공식만 있으면 실패는 없어요!

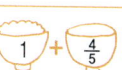
▶▶ 준비   2인분

소면	2인분(200g)
배추김치	1컵(130g)
오이	조금(22g)
깻잎	2장(3g)
쇠고기 다진 것	4(52g)

고추장양념

고추장	2(28g)
식초	2(20g)
설탕	1(8g)
쌀엿	1.5(12g)
다진 마늘	1(10g)
다진 파	1(4g)
볶은 깨	1(4g)
참기름	1(6g)

쇠고기양념

간장	0.5(5g)
설탕	0.5(4g)
다진 마늘	0.5(5g)
다진 파	0.5(2g)
청주	1(10g)
참기름	0.5(3g)
후추	약간

플러스 팁

소면은 끓는 물에 부채꼴 모양으로 넣으면 면이 뭉치지 않는다. 소면을 쫄깃하게 삶는 데도 요령이 있는데, 면을 넣고 물이 우르르 끓어오를 때 찬물을 1컵 넣어 다시 끓이면 면이 속까지 잘 익고 붇지 않는다. 삶아 낸 뒤 찬물에 비벼가며 헹군다.

▶▶ 만들기

1

소면을 삶을 때는 물이 우르르 끓어오를 때 찬물을 끼얹어 붓고 다시 끓여요.

끓는 물에 소면을 삶아 찬물에 헹궈 건져 놓는다.

2

다진 쇠고기는 쇠고기양념을 넣고 잠시 재워 둔다.

3

김치국물은 살짝만 짜 두어요.

오이와 깻잎은 채썰고 배추김치는 쫑쫑 썰어 둔다.

4

프라이팬에 ②의 쇠고기를 물기 없이 볶는다.

5

참기름은 제일 나중에 넣어요.

고추장양념을 한데 섞어 썰어 둔 배추김치를 넣고 잘 섞는다.

6

⑤의 김치고추장에 ①의 소면을 넣고 잘 섞어 비빈다. 그릇에 담을 때 쇠고기볶음과 채썬 오이와 깻잎을 얹는다.

칼로리 팁 버터에 볶지 않고 물로만 살짝 볶아 끓이면 칼로리를 낮출 수 있어요. 다른 재료보다 채소를 듬뿍 넣어주어도 칼로리는 줄어든답니다.

쇠고기카레우동

어른아이 할 것 없이 모두 좋아하는 카레, 오늘은 좀 바꿔 봐요.
통통한 우동면으로 카레우동을 만들어 보세요!

1인분
591kcal

▶▶ 준비   2인분

우동면 · · · · · · · · · · · 2인분(400g)
쇠고기 사태 · · · · · · · · · 1/2컵(80g)
감자(소) · · · · · · · · · · · 1개(90g)
양파 · · · · · · · · · · · · · 1/4개(55g)
당근 · · · · · · · · · · · · · 1/4개(40g)
애호박 · · · · · · · · · · · · 1/5개(30g)
버터 · · · · · · · · · · · · · 2(22g)
물 · · · · · · · · · · · · · · 3컵
카레 · · · · · · · · · · · · · 7(50g)
물 · · · · · · · · · · · · · · 1/2컵

플러스 팁

인도가 원산지인 카레는 사
프란, 강황, 후추, 고추, 생강,
겨자, 계피, 코리앤더, 정향
등 여러 향신료를 섞어 만든
복합 향신료의 일종이다.

▶▶ 만들기

1

감자, 양파, 당근, 애호박, 쇠고기는 굵
직하게 깍둑썰기한다.

2

버터를 두른 냄비에 쇠고기-감자-당
근-애호박-양파 순서로 넣어 볶다가
물 3컵을 넣고 감자가 익을 때까지 끓
인다.

3

물에 개지 않아도 되는
카레가 있긴 하지만 미리
풀어주는 게 좋아요.

카레는 물 1/2컵에 미리 풀어 둔다.

4

채소가 다 익으면 풀어 놓은 카레를 잘
저으며 넣고 2~3분간 살짝만 끓인다.

5

끓는 물에 우동면을 삶아 준비한다.

6

완성된 카레 속에 우동면을 넣고 잘 섞
어 담아 낸다.

칼로리 팁 | 올리브유도 기름이기 때문에 칼로리가 높아요. 올리브유는 최소한으로 넣고 물 약간을 추가해 넣어 볶으면 그만큼 칼로리를 낮출 수 있지요.

봉골레스파게티

1인분
602kcal

조개를 볶고 끓여 구수한 맛이 일품인 봉골레스파게티.
올리브유로 볶았지만 마늘과 마른 홍고추의 매콤한 맛이 함께 어우러져
깔끔한 맛이에요.

1 + 1

▶▶ 준비   1인분

스파게티면	1인분(90g)
소금	0.5(3g)
모시조개	12개(200g)
올리브유	3(18g)
마른 홍고추	1개(3g)
마늘	5개(20g)
화이트와인	6(60g)
물	5
파슬리가루	1(1g)
소금·후추	약간씩

플러스 팁

조개는 살아있는 것을 구입해야 한다. 껍데기가 얇을수록 어리고 맛이 좋다. 모시조개와 같은 작은 조개는 굵은 소금으로 바락바락 문질러 씻고, 농도 1~2%의 소금물에 충분히 담가 모래를 토해 내도록 한다. 소금의 농도가 너무 진하면 조갯살에서 수분이 빠져나와 질겨질 수 있으므로 주의한다.

▶▶ 만들기

1

스파게티면은 넉넉한 양의 끓는 물에 소금 1/2숟가락을 넣고 삶는다.

2

마른 홍고추는 어슷썰기, 마늘은 납작 썰기한다. 모시조개는 해감시켜 깨끗이 씻는다.

3

매콤한 향이 우러나도록 약한 불에서 볶아요.

프라이팬에 올리브유를 두르고 마늘과 마른 홍고추를 넣어 약불에 볶는다.

4

모시조개와 화이트와인을 넣어 볶다가 파슬리가루와 물을 넣고 뚜껑을 덮어 익힌다.

5

모시조개가 입을 벌리고 육수가 자작하게 끓으면 소금과 후추로 간을 한다.

6

삶아 둔 스파게티면을 넣고 맛이 배도록 볶아 낸다.

칼로리 북

우동면 • 308kcal
쇠고기 • 65kcal
채소 • 50kcal
양념 • 181kcal

칼로리 팁 | 무시할 수 없는 양념의 칼로리에 유의하세요.

데리야끼 볶음우동

숙주와 채소를 듬뿍듬뿍 넣어 볶아 주세요.
아작아작 씹히는 숙주 맛에 반해 우동면보다 많이 넣고 싶어질지도 몰라요!

1인분
604kcal

▶▶ 준비   1인분

우동면 · · · · · · · · · 1인분(200g)
쇠고기 · · · · · · · · · · · 조금(30g)
양파 · 애호박 · · · · · · · 조금씩(60g)
당근 · 청 · 홍피망 · · · · 조금씩(30g)
느타리버섯 · · · · · · · · · 조금(25g)
숙주 · · · · · · · · · · · · 1줌(100g)
포도씨유 · · · · · · · · · · · · 1(6g)
다진 마늘 · · · · · · · · · · 0.5(5g)
데리야끼소스 · · · · · · · · 4.5(45g)
굴소스 · · · · · · · · · · · 0.5(7g)
참기름 · · · · · · · · · · · 0.5(3g)
후추 · · · · · · · · · · · · · · 약간

플러스 팁

데리야끼소스는 다음 재료
를 함께 넣고 중불에서 걸쭉
하게 끓이면 된다.

데리야끼소스
간장 1컵, 설탕 1컵, 청주 0.5컵,
맛술 0.5컵, 다시마물 0.5컵, 얇
게 썬 생강 5개, 마른 홍고추 3개,
마늘 3개, 대파 1대, 양파 1/2개

▶▶ 만들기

1

느타리버섯과 숙주는 깨끗이 씻어 두어요.

청 · 홍피망과 양파, 쇠고기는 채썰고 당근은 어슷썰기한다. 호박은 반달 모양으로 썬다.

2

우동면은 끓는 물에 부드럽게 데쳐 준비한다.

3

우동면을 데치는 동안 볶으세요.

포도씨유를 두른 프라이팬에 다진 마늘과 양파를 살짝 볶다가 쇠고기를 넣고 볶는다.

4

쇠고기가 반 정도 익을 때 ①의 모든 채소를 넣고 살짝 볶는다.

5

데리야끼소스와 굴소스를 넣고 채소에서 물이 살짝 나오게 볶는다.

6

여기에 ②의 우동면을 넣어 함께 볶고 후추와 참기름으로 마무리한다.

칼로리 팁 │ 우동면의 칼로리와 양념의 적지 않은 칼로리에 주의하세요!

해물볶음짬뽕

짬뽕하면 얼큰한 짬뽕국물만 떠오르나요? 여기 국물 없이 얼큰한 짬뽕이 왔어요~

1인분
770kcal

▶▶ 준비   2인분

우동면 · · · · · · · · · · · · · · ·300g
홍합 · · · · · · · · · · · · · · 8개(165g)
홍합살 · · · · · · · · · · · · · 4개(20g)
칵테일새우 · · · · · · · · · 10개(55g)
오징어 · · · · · · · · · 1/2마리(85g)
소라살 · · · · · · · · · · · · 조금(40g)

채소
양파 · · · · · · · · · · · · · 1/4개(50g)
애호박 · · · · · · · · · · · 1/4개(50g)
마른 표고 · · · · · · · · · · 3개(30g)
청 · 홍고추 · · · · · · · · 1개씩(40g)
청경채 · · · · · · · · · · · · 1뿌리(30g)
죽순 · · · · · · · · · · · · · · 조금(20g)
대파 · · · · · · · · · · · · · · 조금(10g)

양념
포도씨유 · 고추씨기름 · · · · 2씩(24g)
마른 홍고추 · · · · · · · · · · 2개(40g)
마늘 슬라이스 · · · · · · · 3개분(30g)
고춧가루 · · · · · · · · · · · · · 2(8g)
굴소스 · · · · · · · · · · · · · 4(56g)
간장 · · · · · · · · · · · · · · 1(10g)
전분 · · · · · · · · · · · · · · · 1(6g)
물 · · · · · · · · · · · · · · · · · 1

▶▶ 만들기

1

마른 표고는 따뜻한 물에 불려 호박 크기로 썰어요.

애호박과 죽순은 얇게 썬다. 고추와 대파는 어슷썰고 양파는 굵게 채썬다.

2

홍합살과 칵테일새우는 소금물에 흔들어 씻어 놓아요.

홍합은 수염을 뜯어 솔로 씻고, 오징어는 안쪽에 칼집을 내어 길게 썬다. 소라살은 얇게 썬다.

3

재료가 준비되면 가스레인지에 물을 올려 면을 삶아 둔다.

4

③의 물을 끓이는 동안 볶아 두어요.

프라이팬에 포도씨유와 고추씨기름을 두르고 마른 홍고추와 마늘을 중간불로 볶는다.

5

매운 향이 우러나면 넣어요.

양파와 청 · 홍고추를 넣고 볶다가 굴소스와 고춧가루, 간장을 넣고 볶는다.

6

여기에 나머지 채소를 모두 넣고 볶다가 해물도 모두 넣고 볶아 반 정도 익힌다.

7

③의 삶아 놓은 면을 넣고 함께 볶다가 전분 1숟가락에 물 1숟가락을 섞어 풀어 넣고 기호에 따라 참기름을 약간 넣는다.

칼로리 북

스파게티면 • 305kcal
양파+양송이 • 26kcal
후랑크햄 • 175kcal
달걀 • 28kcal
우유+생크림 • 388kcal
파마산치즈가루 • 36kcal
버터 • 82kcal

칼로리 팁 | 생크림 대신 우유만 넣으면 그만큼 지방량이 줄어들어 칼로리를 낮출 수 있어요. 프랑크햄도 칼로리가 높으므로 양을 조절하거나 과감하게 넣지 않으면 칼로리를 낮출 수 있지요.

프랑크까르보나라

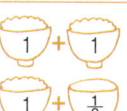

우유와 생크림의 크림소스 맛에 더해진 달걀노른자의 고소한 맛!
칼로리가 부담된다면 생크림과 스파게티면의 양을 조절하세요.

▶▶ 준비   1인분

스파게티면 · · · · · · · · · 1인분(90g)
소금 · · · · · · · · · · · · · · · 0.5(3g)
프랑크햄 · · · · · · · · · · · 2개(60g)
양송이버섯 · · · · · · · · · 2개(50g)
양파 · · · · · · · · · · · · · 1/4개(50g)
생크림 · · · · · · · · · · · · 1/2컵(90g)
우유 · · · · · · · · · · · · · · · 1컵(190g)
파마산치즈가루 · · · · · · · · · · 2(8g)
달걀노른자 · · · · · · · · · · 1개(20g)
버터 · · · · · · · · · · · · · · · · 1(11g)
후추 · · · · · · · · · · · · · · · · · 약간

플러스 팁

우유에 함유되어 있는 칼슘
은 우유의 단백질인 카제인
과 함께 결합한 형태로 존재
하며, 가열해도 파괴되지 않
는다.

▶▶ 만들기

1

올리브유를 넣고
버무려 두면 서로 붙지
않아요.

스파게티면은 넉넉한 양의 끓는 물에
소금 0.5숟가락을 넣고 10분쯤 삶아
체에 건진다.

2

프랑크햄과 양송이버섯은 모양을 살려
썰고 양파는 채썬다.

3

양파가 투명해질
때까지 볶아요.

버터를 두른 프라이팬에 ②의 햄과 채
소를 모두 넣고 볶는다.

4

우유와 생크림이
끓기 시작하면 1분
정도 더 끓여요.

여기에 우유와 생크림을 넣고 끓인다.

5

여기에 삶아 놓은 스파게티면을 넣어
소스가 배도록 함께 잠시 끓여 준다.

6

파마산치즈가루와 달걀노른자를 넣고
불을 끄고 재빨리 저어 남은 열로 달걀
을 익힌다.

지금까지는 주로 사먹었던 맛있는 간식과 음료!
직접 만들어 먹으면 더 안심되겠지요.
이번 파트에서는 입이 심심할 때 먹는 간식,
식사 후 입을 깔끔하게 해주는 디저트, 따로 먹어도 맛있고
식사에 곁들여도 좋은 음료를 소개해요.
주메뉴는 아니지만 간식이나 음료를 섭취하는 것도 영양과
칼로리에 영향을 준다는 점 잊지 마세요~

PART 5

간식&음료

칼로리 북

피망 • 2kcal
감자 • 18kcal
토마토 • 1kcal
모짜렐라치즈 • 22kcal

칼로리 팁 | 주재료 이외에 기름을 쓰지 않아 칼로리가 낮아 부담없이 즐길 수 있어요.

파프리카포테이토피자

파프리카와 감자로 피자의 밀가루 도우를 대신하여 칼로리를 낮췄어요!
고소한 감자의 맛이 더욱 일품이랍니다.

▶▶ 준비   4개분

청 · 홍파프리카 슬라이스
· · · · · · · · · · · · · · · · 2장씩(44g)
감자 · · · · · · · · · · · · 1개(130g)
토마토(소) · · · · · · · · · 1/2개(40g)
모짜렐라치즈 · · · · · · · · · · 3(30g)
소금 · 후추 · · · · · · · · · · · 약간씩

플러스 팁

감자와 치즈는 음식궁합이 잘 맞는다. 감자는 섬유질과, 비타민 C가 풍부한 반면 단백질과 지방이 부족하므로 이것을 보충할 수 있는 치즈와 함께 요리하면 좋다. 또한 치즈는 비타민 A, 비타민 B군, 칼슘과 인 등 비타민과 무기질도 풍부하다.

▶▶ 만들기

1

감자는 뜨거울 때 으깨고, 소금 · 후추로 간을 해요

감자는 작은 크기로 썰어 전자레인지에 1분간 돌려 익힌 뒤 으깬다.

2

청 · 홍파프리카는 0.5cm 두께로 가로로 썰어 준비한다.

3

토마토와 모짜렐라치즈는 잘게 썰어둔다.

4

파프리카 안에 ①의 감자 으깬 것을 넣는다.

5

센불로 표면만 익혀요

기름을 두르지 않고 달군 프라이팬에 앞뒤로 노릇노릇하게 굽는다.

6

미니 오븐을 사용하면 예열없이 금세 구울 수 있어요

여기에 토마토와 모짜렐라치즈를 순서대로 올려 200℃로 예열한 오븐에 넣고 5분 정도 익힌다.

칼로리 팁 | 마요네즈는 오일과 달걀노른자를 주원료로 만든 것이라 케첩보다 칼로리가 높아요.
마요네즈를 조금 줄이다면 그만큼 칼로리를 낮출 수 있답니다.

치즈샌드참치까나페

까나페와 치즈샌드가 만난 맛. 짭조름한 슬라이스치즈가 싫다면
부드러운 크림치즈로 대체해도 Goooood!

1인분
106kcal

▶▶ 준비 10개분

아이비 · · · · · · · · ·	20개(60g)
슬라이스치즈 · · · · · · ·	2.5장(50g)
참치 · · · · · · · · · ·	1캔(110g)
양파 · · · · · · · · · ·	1/4개(60g)
사과 · · · · · · · · · ·	1/4개(40g)
청 · 홍피망 · · · · · · ·	조금씩(16g)
마요네즈 · · · · · · · · ·	3(42g)
후추 · 설탕 · · · · · · · · ·	약간씩

플러스 팁

사과와 양파를 많이 넣어야
아삭아삭 씹히는 맛, 상큼한
맛, 신선한 맛이 강하다. 치즈
에 짠맛이 있으므로 참치에
소금간은 하지 않는다.

▶▶ 만들기

1

양파, 사과, 청 · 홍피망은 짤막하게 채
썬다.

2

참치는 체에 밭쳐 기름기를 뺀다.

3

볼에 ①과 ②를 모두 넣고 마요네즈와
후추, 설탕을 넣어 고루 섞는다.

4

슬라이스치즈를 4등분하여 크래커 사
이에 넣는다.

5

④ 위에 ③의 참치샐러드를 올리면 까
나페가 완성된다.

칼로리 팁 | 올리브유는 단일불포화지방산(MUFA)의 함량이 높아 건강에 유익하지만 g당 약 9kcal를 낸다는 사실은 다른 기름들과 같아요. 요리에 사용할 때 칼로리에 유의하세요.

카프리제브루스케타

이탈리안 레스토랑에서 한번쯤 먹어봄직한 카프리제와 브루스케타.
이 두 가지를 한번에 먹을 수 있는 방법이 있어요.
한입 베어 물면 엑스트라버진 올리브유의 향과 허브향이
입안에 퍼지는 고소하고 싱싱한 맛!

▶▶ 준비　　　　　　2개분

바게트빵 · · · · · · · · · · 2장(24g)
방울토마토 · · · · · · · · · 3개(50g)
슬라이스치즈 · · · · · · · · 2장(40g)
어린 잎채소 · · · · · · · · · 조금(5g)
올리브유 · · · · · · · · · · · 1(6g)
허브솔트 · · · · · · · · · · · 약간

플러스 팁

올리브유 중에서 최고급 제품인 엑스트라버진은 향과 맛이 풍부하다. 하지만 고온으로 가열시 오일 이외의 성분이 타면서 연기가 발생하므로 열을 가하지 않는 샐러드나 드레싱 소스 등에 어울린다. 퓨어올리브유는 엑스트라버진올리브유에 비해서는 품질이 약간 떨어지지만 향이 약하고 맛도 부드러우며 가열도 가능하므로 일반 식용유처럼 사용할 수 있다.

▶▶ 만들기

1

슬라이스치즈 1장을 돌돌 만 뒤, 1장을 더 이어 말면 크기가 비슷해요.

깨끗이 씻어 준비한 방울토마토는 4등분하여 썰고, 슬라이스치즈는 돌돌 말아 방울토마토와 같은 굵기로 썬다.

2

어린 잎채소는 깨끗이 씻어 물기를 제거하여 준비한다.

3

바게트빵은 기름을 두르지 않고 달군 프라이팬에 앞뒤로 굽는다.

4

빵 위에 어린 잎채소를 얹고, 방울토마토와 치즈를 비스듬히 포개어 얹는다.

5

올리브유를 뿌리고, 허브솔트를 솔솔 뿌려 낸다.

칼로리 팁 | 단팥을 만들 때에 설탕량을 줄이면 그만큼 칼로리를 낮출 수 있답니다.

붉은팥만주

동글동글 귀여운 모양의 만주가 왔어요!
단팥소도 집에서 직접 졸여 만들어 사용하면 당분 함량을 조절할 수 있답니다.

1인분 1개
175kcal

▶▶ 준비　　　　　20개분

팥 ··················	2컵(300g)
물 ··················	3컵
설탕 ················	1.5컵(240g)
중력분 ··············	3.5컵(315g)
베이킹파우더 ·········	0.2(2g)
베이킹소다 ···········	0.5(4g)
바닐라향 ·············	1(6g)
소금 ················	0.2(3g)
달걀 ················	3개(150g)
설탕 ················	12(96g)
물엿 ················	2(16g)

▶▶ 만들기

1

손가락으로 비벼보아 팥이 무르지 않았다면 물을 조금 더 넣고 끓여 주세요.

팥은 깨끗이 씻는다. 물 3컵을 넣고 15분 끓인 뒤, 불을 끄고 20분간 불린다.

2

설탕을 넣고 졸인다. 되직하게 한 덩이로 뭉쳐질 수 있게 졸여내어 단팥소를 만든다.

3

남은 달걀노른자 1개분은 7번 과정에서 필요해요

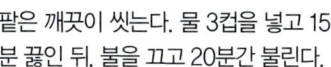

달걀 2개와 흰자 1개분을 풀어 설탕과 물엿을 넣고 중탕으로 가열을 해 설탕을 녹인다.

4

랩으로 싸 냉장고에서 30분간 휴지시켜요.

중력분과 베이킹파우더, 베이킹소다, 바닐라향을 체에 두 번 쳐서 ③의 달걀에 넣고 한 덩이로 반죽한다.

5

④의 반죽과 ②의 단팥소를 각각 호두알 크기로 분할한다.

6

여기서 완성사진처럼 칼집을 내 주면 먹음직스러워 보여요.

반죽을 만두피처럼 얇게 밀어 단팥넣고 오므려 둥글납작하게 모양을 만든다.

7

③에서 남겨둔 달걀노른자를 풀어서 달걀물을 만들어요.

달걀물을 바른 뒤, 호두를 끼워 넣고 190~200도로 예열된 오븐에서 20분간 굽는다.

칼로리 팁 콩고물이라고 무시하지 마세요. 볶은 콩가루도 칼로리를 가지고 있답니다. 또한 첨가되는 설탕의 양을 조절하면 칼로리를 낮출 수 있어요.

녹차인절미

말랑말랑 고소한 인절미가 먹고 싶을 때,
집에서 간단히 전자레인지로 만들어 봐요.

5/6

▶▶ 준비   3인분

찹쌀가루 · · · · · · · · · · · · 1컵(130g)
가루녹차 · · · · · · · · · · · · · 1(6g)
설탕 · · · · · · · · · · · · · · 4(32g)
소금 · · · · · · · · · · · · · · · 약간
뜨거운 물 · · · · · · · · · · · · · 24
콩고물
콩가루 · · · · · · · · · · · 1/4컵(30g)
설탕 · · · · · · · · · · · · · · 1(8g)
소금 · · · · · · · · · · · · · · · 약간

플러스 팁

딱딱한 쌀에 물을 넣고 가열하면 말랑말랑한
밥이 된다. 이는 전분에 물을 넣고 가열하면
점성이 증가하기 때문이다. 이를 호화라고
한다. 말랑말랑한 밥이 식어서 찬밥이 되면
굳어지는 것을 노화라고 하는데, 찹쌀은 멥
쌀보다 노화가 천천히 진행되므로 찹쌀로 지
은 밥이나 떡이 더 오래 말랑말랑하다.

▶▶ 만들기

1

찹쌀가루와 가루녹차, 설탕과 소금을
골고루 섞는다.

2

뜨거운 물을 조금씩 부어가며 익반죽
을 한다. 찹쌀가루의 수분 함량에 차이
가 있을 수 있으니 물의 양은 조절해
가며 넣는다.

3

②의 반죽을 전자레인지에 2분씩 돌려
가며 뒤섞는다.

4

> 3번 정도 돌리면
> 쫄깃해져요.

찹쌀가루가 푹 익어 쫄깃한 상태가 되
도록 만든다.

5

> 콩고물은 콩고물
> 재료를 모두 섞어
> 준비해요

한입 크기로 한 덩이씩 손으로 뭉쳐 콩
고물을 묻힌다.

햄치즈롤빵

코코넛 향기가 솔솔 풍겨나는 고소하고 달콤한 롤빵이에요.

1인분
270kcal

▶▶ 준비   2인분

식빵 · · · · · · · · · · · 2장(44g)
꿀 · · · · · · · · · · · · 2(16g)
슬라이스햄 · · · · · · · · · 2장(40g)
슬라이스치즈 · · · · · · · · 2장(40g)

달걀 · · · · · · · · · · · 1/2개(25g)
빵가루 · · · · · · · · · · · 2(8g)
코코넛가루 · · · · · · · · · · 3(9g)
올리브유 · · · · · · · · · · · 1(6g)

플러스 팁

잘라 낸 식빵 가장자리에, 버터에 다진 마늘과 파슬리가루를 넣고 섞은 마늘 버터를 발라 프라이팬에 구우면 마늘빵 스틱이 된다.

▶▶ 만들기

1

식빵은 가장자리를 자르고 밀대로 살며시 밀어 눌러 둔다.

2

①의 식빵 윗면에 꿀을 바르고 슬라이스햄과 치즈를 얹는다.

3

랩으로 말아 고정시켜도 돼요.

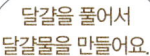

돌돌 말아 꼬치로 찔러 고정한다.

4

달걀을 풀어서 달걀물을 만들어요.

③에 달걀물을 입힌 다음, 빵가루와 코코넛가루를 섞은 것에 굴린다.

5

전자레인지나 가스레인지의 생선그릴에 구워도 돼요.

롤의 윗면에 올리브유를 흩뿌리고 오븐에 노릇노릇하게 굽는다.

6

노릇노릇하게 구워진 롤빵을 빵칼로 잘라 담아 낸다.

칼로리 북

감자 • 138kcal
슬라이스치즈 • 21kcal
베이컨 • 43kcal
사워크림 • 82kcal

칼로리 팁 | 베이컨과 사워크림의 칼로리가 은근히 높아요. 통감자에 추가되는 토핑이 많을수록 칼로리가 높아지니 주의해요.

통감자오븐구이

감자는 비타민이 풍부해요. 감자의 비타민C는 주로 껍질 바로 아래에 모여 있는데,
전분질에 둘러싸여 있어 열에 쉽게 파괴되지 않는 것이 특징이랍니다.
그러므로 껍질을 벗기지 말고 그대로 익혀 먹는 것이 가장 좋아요!

▶▶ 준비　　　　　　　　　1인분

감자(대) · · · · · · · · · ·	1개(250g)
굵은 소금 · · · · · · · · · · · ·	약간
베이컨 · · · · · · · · · · · · ·	1줄
슬라이스치즈 · · · · · · · ·	1/4장(5g)
사워크림 · · · · · · · · · · ·	3(42g)
브로콜리 또는 쪽파 · · · · · · · ·	약간

플러스 팁

사워크림(sour cream)은 생크림을 발효시킨 것으로 이름 그대로 신맛이 나며 생크림보다 걸쭉하다. 소금과 후추로 간을 하고 생크림과 섞어 감자튀김을 찍어 먹기도 한다.

▶▶ 만들기

1

감자를 껍질째 깨끗이 씻어 물기가 있을 때 굵은 소금을 묻힌다.

2

가스레인지 생선그릴에서 속까지 익히는 데 50분 정도 걸려요.

①의 감자를 은박지로 감싸 찜솥에 찌거나, 가스레인지의 생선그릴 또는 오븐에 굽는다.

3

기름을 두르지 않은 프라이팬에 베이컨을 노릇노릇하게 굽는다.

4

②의 감자가 속까지 잘 익으면 꺼내서 위에만 살짝 십자 모양으로 칼집을 낸 뒤 손으로 벌려 ③의 베이컨과 치즈를 잘게 채썰어 얹는다.

5

사워크림을 얹고, 자투리 브로콜리나 송송 썬 쪽파로 장식한다.

칼로리 북

감자 • 26kcal
브로콜리 • 6kcal
양파 • 14kcal
우유+생크림 • 176kcal
버터 • 82kcal

칼로리 팁 | 고소하고 부드러운 맛을 내는 생크림과 버터의 양을 줄이면 칼로리를 낮출 수 있지요.
생크림 대신 우유나 물을 넣고, 버터 대신 물로 볶거나 끓이는 방법이 있어요.

브로콜리감자스프

브로콜리의 향이 그대로 느껴지는 듯한 스프예요.

▶▶ 준비   1인분

브로콜리 ·········· 2송이(20g)
감자 ············· 1/2개(47g)
양파 ············· 1/4개(40g)
버터 ··············· 1(11g)
물 ················· 2/3컵
우유 ·········· 1/2컵(95g)
생크림 ············· 3(39g)
소금·후추 ·········· 약간씩

플러스 팁

부드러운 스프는 바삭한 질감의 크루통과 잘 어울린다. 식빵을 주사위 모양으로 잘라 버터를 두른 프라이팬에 구우면 일반적인 크루통이 완성된다. 버터와 마늘, 파슬리가루를 섞어 만든 마늘 버터를 바게트에 발라 구우면 마늘향의 크루통을 만들 수 있다.

▶▶ 만들기

1

브로콜리는 작은 송이로 잘라 놓고, 감자와 양파는 적당한 크기로 썬다.

2

버터를 두른 프라이팬에 ①을 모두 넣고 볶는다.

3

물을 넣고 감자가 익을 때까지 푹 끓인다.

4

푹 끓으면 한 김 나가게 식힌 후, 블렌더에 모두 넣고 간다.

5

④에 우유와 생크림을 넣고 다시 끓여 소금과 후추를 넣어 간을 한다.

칼로리 팁 | 떡볶이떡 10개는 밥 한 공기를 먹는 것과 칼로리가 같다는 것 잊지마세요. 매콤달콤한 소스의 칼로리도 무시할 수 없음을 눈여겨 보시고요.

떡꼬치구이

복잡할 것만 같은 떡꼬치, 기름에 튀기지 말고 프라이팬에 구워 봐요.
번거로움 없이 매콤 · 새콤 · 달콤하고 쫄깃한 떡꼬치를 만들 수 있어요!

1인분
334kcal

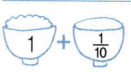

▶▶ 준비   2개분

떡볶이떡 · · · · · · · · · ·	10개(130g)
포도씨유 · · · · · · · · · ·	2(12g)
볶은 땅콩 · · · · · · · · ·	조금(10g)
쪽파 · · · · · · · · · · · ·	조금(2g)

소스

고추장 · · · · · · · · · · · ·	2(28g)
물엿 · · · · · · · · · · · · ·	2(16g)
설탕 · · · · · · · · · · · · ·	1(8g)
케첩 · · · · · · · · · · · · ·	3(42g)
다진 마늘 · · · · · · · · · · ·	1(10g)
물 · · · · · · · · · · · · · ·	4

플러스 팁

프라이팬에 기름을 두르고 구워 주면 기름에 튀길 때보다 칼로리를 낮출 수 있다.

▶▶ 만들기

1

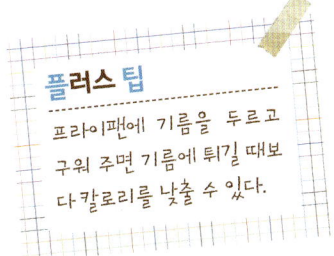

떡볶이떡은 꼬치에 5개씩 끼워 준비한다.

2

포도씨유를 두른 프라이팬에 ①의 떡꼬치를 앞뒤로 노릇노릇, 말랑말랑하게 굽는다.

3

> 양념이 고루 어우러지도록 끓여 주면 되어요.

소스용 팬에 소스 재료를 모두 넣고 걸쭉하게 끓여 준비한다.

4

②의 구워낸 떡꼬치 사이사이에 ③의 소스를 고루 바른다.

5

> 파슬리 가루를 뿌려도 좋아요.

쪽파는 송송 썰고 땅콩은 다져 뿌린다.

칼로리 북

단호박 • 29kcal
양파 • 11kcal
우유+생크림 • 176kcal
밀가루 • 40kcal
버터 • 82kcal

칼로리 팁 | 호박죽에 비하면 호박크림스프의 칼로리는 정말 높지요. 생크림과 버터의 양을 줄이면 그만큼 칼로리가 낮아져요.

단호박크림스프

부드럽게 넘어가는 크림스프. 단호박에 함유되어 있는
카로틴(carotene)은 항산화 작용과 항암 작용을 해요.

▶▶ 준비   1인분

단호박 · · · · · · · · · ·	1/8개(100g)
양파 · · · · · · · · · · ·	1/4개(30g)
물 · · · · · · · · · · · ·	1컵
우유 · · · · · · · · · · ·	1/2컵(95g)
생크림 · · · · · · · · ·	3(39g)
버터 · · · · · · · · · · ·	1(11g)
밀가루 · · · · · · · · ·	2(12g)
소금 · · · · · · · · · · ·	약간

플러스 팁

단호박은 황색이 진할수록
비타민 함유량이 높다. 비타
민은 껍질에 주로 함유되어
있으므로 껍질째 깨끗이 씻
어 요리하도록 한다.

▶▶ 만들기

1

단호박과 양파를 적당한 크기로 썰어
둔다.

2

버터를 두른 프라이팬에 단호박과 양
파를 볶는다.

3

어느 정도 볶아지면, 물을 자작하게 붓
고 끓인다.

4

더 고운 스프를
만들고 싶으면
블렌더에 갈아요.

단호박과 채소가 모두 익으면 나무주
걱으로 으깬다.

5

칼로리를 낮추고
싶으면 생크림의
양을 줄여요.

우유와 생크림을 넣고 끓여 소금으로
간을 한다.

칼로리 팁 : 버터와 설탕은 우리의 입을 즐겁게 해주지만 그만큼 고칼로리를 내요.
조금 덜 달게, 덜 고소하게 먹는다면 그만큼의 칼로리는 다운된답니다.

미니슈거토스트

제과점에 가면 빼놓지 않고 챙겨 먹는 슈거토스트.
집에서도 간단히 만들어 먹을 수 있답니다. 단 설탕량에 주의하세요!

1인분
358kcal

▶▶ 준비   2인분

식빵 · · · · · · · · · · · 3장분(166g)
버터 · · · · · · · · · · · · · 2(22g)
설탕 · · · · · · · · · · · · · 3(24g)
시나몬파우더 · · · · · · · · · · · 약간

플러스 팁

달콤한 요리와 시나몬은 참 잘 어울린다. 미니슈거토스트에 뿌려 내면 좋다. 식빵은 주사위 모양으로 자른 다음 다시 대각선으로 자르면 설탕이 골고루 묻는다.

▶▶ 만들기

1

식빵은 자르지 않은 것으로 구입하여 두껍게 3장 정도의 두께로 자르고, 자른 식빵을 다시 세모 모양으로 자른다.

2

버터는 냉장고에서 미리 꺼내 놓아 말랑말랑한 상태로 만들어 발라요.

식빵의 모든 면에 녹인 버터를 바른다.

3

오븐을 사용해 구워도 좋아요.

달군 프라이팬에 모든 면을 노릇노릇하게 고루 굽는다.

4

접시에 설탕을 넓게 펴 놓고, ③의 식빵이 뜨거울 때 굴려 설탕을 골고루 묻힌다.

5

설탕이 녹으면서 표면이 바삭하게 변해요.

다시 한 번 프라이팬에 구워 설탕을 적당히 녹여 준다. 기호에 따라 시나몬파우더를 뿌린다.

칼로리 팁 | 첨가되는 설탕의 양이 많으므로 최소한의 양만 빵에 발라서 먹도록 해요.

오렌지마멀레이드

잼처럼 빵에 발라 먹어도 좋고, 각종 요리의 재료로도 좋은
오렌지마멀레이드. 잘 익은 싱싱한 오렌지로 만들어 두세요.

1인분
371kcal
1 + 1/4

▶▶ 준비   1인분

오렌지 · · · · · · · · · · · 1개(140g)
설탕 · · · · · · · · · · · · 10(80g)
레몬즙 · · · · · · · · · · · 2(20g)

플러스 팁

오렌지에는 약 1% 정도의 펙틴이 함유되어
있는데 이것은 접착제 같은 역할을 하는 성
분이다. 65% 정도의 설탕과 레몬즙을 넣어 산
성으로 pH를 낮춰 주면 펙틴이 젤리화되므로
잼이나 젤리를 만들 수 있다.

▶▶ 만들기

1

오렌지는 굵은 소금으로 문질러 씻은
뒤, 뜨거운 물에 헹궈 껍질을 벗긴다.

2

오렌지 껍질의 겉 부분만 얇게 깎아 채
썬다.

3

오렌지 과육은 주사위 모양으로 썰어
②의 껍질채와 섞는다.

4

③에 설탕을 넣어 고루 잘 섞는다.

5

중불에서 끓인다.

6

오렌지즙과 설탕이 골고루 섞여 졸아들
면 레몬즙을 짜 넣고 마저 졸여낸다.

칼로리 북

감자 • 94kcal
베이컨 • 43kcal
슬라이스치즈 • 169kcal
우유 • 24kcal
버터 • 37kcal
포도씨유 • 52kcal

칼로리 팁 | 치즈는 생각보다 지방함량이 많아 칼로리가 높아요. 버터와 오일의 양을 조절하면 칼로리를 낮출 수 있어요.

치즈웨지감자

감자는 치즈와 잘 어울려요.
감자에 부족한 단백질과 지질을 치즈가 채워 준답니다.

1인분
419kcal

1 + 2/5

▶▶ 준비 1인분

감자(중) · · · · · · · · · · · 1개(170g)
허브솔트 · · · · · · · · · · · · 약간
포도씨유 · · · · · · · · · · · 1(6g)
베이컨 · · · · · · · · · · · 1줄(14g)
치즈
버터 · · · · · · · · · · · · 0.5(5g)
슬라이스치즈 · · · · · · · · 2장(40g)
우유 · · · · · · · · · · · · 4(40g)

▶▶ 만들기

1

감자는 껍질째 깨끗이 씻어 8등분하여 길죽한 세모로 썬 뒤, 포도씨유를 고루 바르고 허브솔트를 솔솔 뿌린다.

2

오븐이나 전자레인지에 익혀도 돼요.

가스레인지 생선그릴에 노릇노릇하게 익도록 굽는다.

3

감자가 익을 동안 기름을 두르지 않은 프라이팬에 베이컨을 노릇노릇하게 구워, 잘게 자른다.

4

버터를 녹인 프라이팬에 슬라이스치즈 2장과 우유를 넣고 잘 섞어 치즈를 녹인다.

5

②의 구워진 감자를 접시에 담고 ③의 베이컨을 흩뿌려 올린 후 그 위에 ④의 녹인 치즈를 뿌린다.

칼로리 팁 | 닭 안심은 저칼로리 고단백 식품이지만 튀김옷과 튀김기름으로 인해 칼로리가 높아져요. 딥핑소스의 칼로리도 무시할 수 없음을 유의하세요.

치킨텐더&칠리소스딥

튀김요리를 할 때에는 온도가 가장 중요해요!
낮은 온도로 튀기면 기름을 흠뻑 흡수해 눅눅하고
기름진 튀김이 되므로 꼭 주의하세요!

1인분
436kcal

1 + ½

▶▶ 준비   3인분

닭 안심	15조각(500g)
양파 간 것	2(20g)
청주	2(20g)
소금 · 후추	약간씩
포도씨유	적당량(23g)

튀김옷

전분	3(18g)
달걀	1개(50g)
빵가루	17(68g)

칠리소스

고추씨기름	1(6g)
다진 마늘	0.5(5g)

청고추	1(20g)
케첩	6(84g)
두반장	1(14g)
물엿	1(8g)
설탕	1(8g)
물	2

▶▶ 만들기

1

닭 안심은 소금과 후추, 양파, 청주를 넣고 고루 버무려 잠시 재워 둔다.

2

달걀은 풀어 두고 ①의 닭 안심에 전분을 묻힌 뒤 달걀-빵가루 순으로 옷을 입힌다.

3

튀김기름에 노릇노릇하게 튀겨 낸다. 내용물을 넣었을 때 중간쯤 내려가다가 떠오를 때가 적당한 튀김 온도이다.

4

약불에서 볶아요.

칠리소스를 만들기 위해 고추씨기름을 두른 프라이팬에 다진 마늘과 청고추를 다져 넣고 볶는다.

5

케첩, 두반장, 물엿, 설탕, 물을 넣고 끓여 칠리소스를 만든다.

6

바삭하게 튀겨진 치킨텐더와 칠리소스를 담아 낸다.

칼로리 북

식빵 • 97kcal

복숭아 • 85kcal

프룬 • 50kcal

설탕 • 155kcal

버터 • 82kcal

럼 • 52kcal

칼로리 팁 | 식빵을 구울 때 버터를 두르지 않거나, 복숭아를 졸일 때 설탕의 양을 줄이면 그만큼 칼로리를 낮출 수 있어요.

복숭아프룬토스트

복숭아를 샀는데 달지 않아 걱정이세요? 설탕에 졸여 토스트 재료로 활용해 보세요!
바삭바삭 버터토스트 위에 향긋하고 달콤한 복숭아조림~
자꾸만 먹고 싶어질지도 몰라요.

1인분
521kcal

▶▶ 준비   1인분

식빵 · · · · · · · · · · · · · 1장(35g)
버터 · · · · · · · · · · · · · · 1(11g)
복숭아 · · · · · · · · · · · 1개(250g)
설탕 · · · · · · · · · · · · · 5(40g)
프룬 · · · · · · · · · · · · · 3개(21g)
럼주 · · · · · · · · · · · · · 2(20g)
시나몬파우더 · · · · · · · · · · · 약간

▶▶ 만들기

1

복숭아는 깨끗한 물에 씻어 잘라 놓는다.

2

설탕과 함께 섞어 불에 올린다.

3

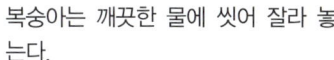

과육의 아삭함을 남기고 싶다면 살짝만 조려요

단맛이 충분히 배도록 조린다.

4

프룬은 가위로 잘라 럼주에 담가 불린다.

5

버터를 바르지 않으면 그만큼 칼로리가 낮아져요!

토스트용 식빵은 버터를 두른 프라이팬에 앞뒤로 굽는다.

6

복숭아조림이 완성되면 ⑤의 토스트 위에 얹고 ④의 프룬도 얹는다.

7

시나몬파우더를 솔솔 뿌려 달콤한 맛에 향을 더한다.

칼로리 북

떡볶이떡 • 312kcal
채소 • 36kcal
메추리알 • 30kcal
어묵 • 28kcal
춘장 • 28kcal
포도씨유 • 78kcal
양념 • 17kcal

칼로리 팁 | 쌀떡볶이떡 10개는 밥 한공기를 먹는 것과 같은 칼로리를 내요. 포도씨유의 양을 조절하여 칼로리를 낮출 수 있답니다.

매콤자장떡볶이

매운 걸 잘 못 먹는 아이들이 먹던 자장떡볶이가 마른 홍고추와 풋고추를 만났어요.
어른이 먹어도 맛있는 매콤한 자장떡볶이로 변신하는 순간!

▶▶ 준비 　　　　　　　　 2인분

떡볶이떡 · · · · · · · · ·	20개(260g)
어묵 · · · · · · · · ·	1/2장(40g)
양파 · · · · · · · · ·	1/4개(60g)
당근 · · · · · · · · ·	조금(30g)
양배추 · · · · · · · · ·	1/3잎(30g)
양송이버섯 · · · · · · ·	3개(48g)
메추리알 · · · · · · ·	4개(48g)

춘장볶음

풋고추 · · · · · · · · ·	1개(11g)
마른 홍고추 · · · · · · · · ·	1개(3g)
춘장 · · · · · · · · ·	2(30g)
포도씨유 · · · · · · · · ·	3(18g)

양념

물 · · · · · · · · ·	1/2컵
다진 마늘 · · · · · · · · ·	1(10g)
물엿 · · · · · · · · ·	1(8g)
대파 · · · · · · · · ·	조금(10g)
볶은 깨 · · · · · · · · ·	0.3(1g)

플러스 팁

춘장은 같은 양의 기름과 잘 섞어, 쓴맛이 나지 않게 적당히 볶는다. 잘 섞어 부글부글 끓어오르기 전까지 볶으면 된다. 타지 않도록 주의해야 한다.

▶▶ 만들기

1

메추리알은 완숙으로 삶아 껍질을 까 두어요.

양파는 채썰고, 당근은 반달 모양으로 어슷썰기하고 어묵, 양송이, 양배추는 네모로 썬다.

2

풋고추와 마른 홍고추는 어슷썰기해서 달군 프라이팬에 포도씨유를 두르고 볶는다. 이 때 프라이팬 한쪽에서 춘장도 볶는다.

3

메추리알은 가장 나중에 넣어요.

매운 향이 우러나고 춘장이 볶아지면 ①의 채소를 넣고 춘장과 잘 섞어 볶는다.

4

떡볶이떡도 함께 넣어 볶는다.

5

다진 마늘과 물 1/2컵을 넣고 끓여 졸인다.

6

메추리알과 볶은 깨, 대파의 푸른 부분을 넣고 완성한다.

칼로리 팁 | 햄과 식빵을 구울 때 기름과 버터의 양을 줄이고, 마요네즈의 양을 조절하면 칼로리를 낮출 수 있어요.

햄달걀토스트

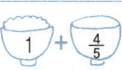

집에서 만들어 먹는 위생적인 토스트. 조금만 몸을 놀리면 맛있는 토스트가 뚝딱 만들어져요! 칼로리도 소모하고 맛도 챙기고 일석이조!

▶▶ 준비   1인분

식빵 · · · · · · · · · · · · · 2장(74g)
슬라이스햄 · · · · · · · · · 1장(20g)
달걀 · · · · · · · · · · · · · 1개(50g)
양상추 · · · · · · · · · · · · 1잎(40g)
치커리 · · · · · · · · · · · · 4잎(10g)
버터 · · · · · · · · · · · · · · · 1(9g)
포도씨유 · · · · · · · · · · 0.5(3g)
사과잼 · · · · · · · · · · · · · 1(14g)
케첩 · · · · · · · · · · · · · ·1(14g)
마요네즈 · · · · · · · · · · ·1(10g)
머스터드 · · · · · · · · · · ·0.5(5g)

▶▶ 만들기

1

너무 센불에서 익히면 가장자리가 타니 주의해요.

포도씨유를 두른 프라이팬에 달걀을 앞뒤로 부친다.

2

햄은 샌드위치용으로 얇게 슬라이스된 것을 구입하여 앞뒤로 노릇노릇하게 굽는다.

3

양상추와 치커리는 깨끗이 씻어 물기를 제거한 뒤 손으로 찢어 준비한다.

4

식빵 2장은 한쪽 면에 버터를 발라 노릇노릇하게 굽는다.

5

토스트에는 딸기잼보다 사과잼이 어울려요.

구운 식빵의 한 면에 사과잼을 고루 바른다.

6

⑤의 빵에 달걀-햄-양상추-치커리 순으로 올린다.

7

케첩, 마요네즈, 머스터드를 기호에 맞게 뿌리고 나머지 식빵을 덮는다.

칼로리 북

햄버거빵 • 127kcal
생야채 • 10kcal
오이피클 • 26kcal
슬라이스치즈 • 76kcal
햄버거스테이크 • 210kcal

소스

마요네즈 • 92kcal
바비큐소스 • 14kcal
케첩 • 16kcal

칼로리 팁 | 마요네즈와 케첩, 바비큐소스의 칼로리가 은근히 높음을 유의하세요!

함박스테이크버거

집에서도 손쉽게 만들어 먹을 수 있는 햄버거.
쇠고기 패티를 만들 때 여러 장 여분으로 만들어 냉동실에 얼려 두었다가
먹고 싶을 때 꺼내 바로 구워서 사용하면 더 간단해요.

1인분
571kcal

1 + 5/6 소스칼로리 제외

▶▶ 준비   1인분

햄버거빵 · · · · · · · · · 1개(50g)	**패티(6개분)**	참기름 · · · · · · · · · 1(6g)
양상추잎 · · · · · · · · 1/2장(15g)	쇠고기 다진 것 · · · · · · · · 300g	소금 · · · · · · · · · 0.5(3g)
토마토 슬라이스 · · · · · · · 2장(30g)	돼지고기 다진 것 · · · · · · · · 100g	후추 · · · · · · · · · 약간
치커리 · · · · · · · · · 2잎(3g)	양파 · · · · · · · · · 1/2개(80g)	**소스**
양파 슬라이스 링 · · · · · · 2개(10g)	버터 · · · · · · · · · 1(11g)	마요네즈 · · · · · · · · · 1(14g)
오이피클 · · · · · · · · ·5개(25g)	빵가루 · · · · · · · · · 1컵(50g)	바비큐소스 · · · · · · · · · 1(10g)
슬라이스치즈 · · · · · · · 1장(20g)	달걀 · · · · · · · · · 1개(50g)	케첩 · · · · · · · · · 1(14g)
포도씨유 · · · · · · · · · 0.5(3g)	다진 마늘 · · · · · · · · · 1(10g)	

▶▶ 만들기

1

패티용 양파를 곱게 다져 버터를 두른
프라이팬에 투명하게 볶아 식혀 둔다.

2

쇠고기·돼지고기 다진 것에 1의 볶은
양파와, 빵가루, 달걀, 소금, 후추, 다진
마늘, 참기름을 넣고 끈기가 생기도록
치대며 반죽한다.

3

6덩어리로 나누어 잘 뭉쳐 동글납작하
게 눌러 준다. 고기가 익으면 가운데로
수축하므로 가운데를 살짝 눌러 움푹
하게 만든다.

4

속까지 익혀야 하므로 처음엔 센불에, 나중엔 중간불로 구워요.

포도씨유를 두르고 달군 프라이팬에
③을 앞뒤로 노릇노릇하게 굽는다.

5

햄버거빵은 프라이팬에 노릇노릇하게 구워 두어요.

양상추와 치커리는 깨끗이 씻어 한입
크기로 뜯어 놓고, 토마토는 슬라이스,
양파는 링 모양으로 썰어 준비한다.

6

토마토는 케첩과 잘 어울려요.

햄버거빵 위에 양상추를 먼저 얹고 기
호에 따라 소스를 뿌린 뒤 ④의 햄버거
스테이크를 얹고 치즈를 올리고 나머
지 재료를 얹어 낸다.

칼로리 북

식빵 • 205kcal
슬라이스치즈 • 85kcal
건포도 • 22kcal
버터 • 164kcal
달걀 • 77kcal
우유+생크림 • 93kcal
메이플시럽 • 42kcal

칼로리 팁 | 맛은 있지만 칼로리를 낮추고 싶다면 생크림과 버터의 양을 줄이세요. 메이플시럽도 생략할 수 있지요.

프렌치치즈샌드

1인분
688kcal

1 + 1 + 1/3

생크림과 우유의 깊은 맛이 배어 있는 부드러운 프렌치토스트에 치즈와
건포도를 더한 잊지 못할 그 맛! 칼로리가 부담이 된다면 생크림을 빼고 만드세요.

▶▶ 준비

	1인분
식빵 · · · · · · · · · · · · · · ·	2장(74g)
생크림 · · · · · · · · · · · · ·	2(26g)
우유 · · · · · · · · · · · · · ·	3(24g)
달걀 · · · · · · · · · · · · · ·	1개(50g)
버터 · · · · · · · · · · · · · ·	2(22g)
슬라이스치즈 · · · · · · · · · ·	1장(20g)
건포도 · · · · · · · · · · · · ·	1(8g)
메이플시럽 · · · · · · · · · · ·	2(16g)
시나몬파우더 · · · · · · · · · · ·	약간

플러스 팁

메이플시럽은 단풍나무 수
액을 원료로 한 시럽으로 물
엿이나 꿀과 다른 독특한 쌉
싸름한 맛이 있다. 팬케이크
나 토스트에 시럽으로 애용
된다.

▶▶ 만들기

1

달걀 1개에 생크림과 우유를 섞어 잘
풀어 준비한다.

2

식빵 2장은 4등분하여 자른다.

3

달걀물에 식빵을 담가 충분히 흡수시
킨다.

4

버터를 1숟가락 두른 프라이팬에 ③을
앞뒤로 노릇노릇하게 굽는다.

> 달걀물이 식빵 속까지
> 배어 있으니 중간불에서
> 천천히 익혀요.

5

슬라이스치즈는 포크로 4등분하고 건
포도는 1숟가락 준비한다.

6

따끈할 때 ④의 토스트 사이에 치즈를
넣고 건포도를 얹는다.

> 메이플 시럽과
> 시나몬 파우더는
> 기호에 맞게 뿌려요.

칼로리 팁 | 식빵에 버터를 바르지 않고 마요네즈의 양을 줄인다면 그만큼 칼로리가 낮은 샌드위치를 만들 수 있어요.

감자샌드위치

1인분
695kcal

양배추샐러드를 넣은 샌드위치 다음으로 기본이 되는 감자샌드위치.
이것저것 재료 준비하기 귀찮은 날에 어울려요.
간단하면서도 그 맛은 절대 배신이 없는 샌드위치랍니다!

▶▶ 준비   2인분

식빵	4장(148g)
감자(소)	2개(150g)
달걀	2개(100g)
맛살	1줄(30g)
양파	1/4개(35g)
오이피클	8조각(20g)
슬라이스치즈	1장(20g)
캔옥수수	2(26g)
청피망	1/4개(16g)
마요네즈	6(10g)
버터	2(22g)
소금 · 후추	약간씩

플러스 팁

삶은 달걀은 번거롭게 노른자와 흰자를 따로 나누지 않는다. 달걀 통째로 깍둑썰기 해 넣으면 모든 재료와 함께 섞을 때 자연스럽게 노른자가 으깨진다.

▶▶ 만들기

1

감자는 네모로 잘라 전자레인지에 1분 돌려도 돼요.

감자와 달걀을 삶아 감자는 뜨거울 때 으깨고 달걀은 깍둑썰기한다.

2

맛살, 양파, 피망, 오이피클, 치즈는 옥수수알 크기로 자르고 캔옥수수는 뜨거운 물을 끼얹어 준비한다.

3

소금과 후추로 간을 해요.

넓은 볼에 으깬 감자와 나머지 재료를 모두 섞고 마요네즈를 넣어 골고루 버무린다.

4

버터를 바르지 않으면 칼로리도 낮추고 담백하게 먹을 수 있어요.

식빵의 양쪽 면에 버터를 바르고 ③의 감자샐러드를 두껍고 넓게 펴 바른다.

5

나머지 식빵으로 덮어 가장자리를 잘라 내고 4등분한다.

채소쫄면

시원하고 매콤하고 쫄깃한 맛! 간식으로 쫄면만한 요리도 없지요.
친구들이 놀러왔을 때, 집에 혼자 있을 때, 바로 먹을 수 있는 쫄면을 만들어 봐요.

1인분
837kcal

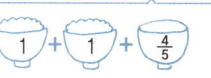

▶▶ 준비   2인분

쫄면 · · · · · · · · · · ·	2인분(400g)
달걀 · · · · · · · · · · ·	1개(50g)
오이 · · · · · · · · · · ·	1/2개(70g)
당근 · · · · · · · · · · ·	1/4개(20g)
콩나물 · · · · · · · · · ·	2줌(80g)
적채 · · · · · · · · · · ·	1/4장(25g)
볶은 깨 · · · · · · · · ·	0.5(2g)

양념고추장

양파 · · · · · · · · · · ·	1/4개(55g)
고추장 · · · · · · · · · ·	3(42g)
설탕 · · · · · · · · · · ·	1.5(12g)
사과식초 · · · · · · · · ·	2(20g)
참기름 · · · · · · · · · ·	1(6g)

플러스 팁

오이와 당근은 함께 먹지 않는다는 말이 있다. 당근에 들어있는 효소인 아스코르비나아제가 오이의 비타민 C를 파괴한다 하여 요리에 함께 넣는 것을 꺼리는 것이다. 오이를 익히거나 식초 또는 레몬즙을 살짝 뿌려 아스코르비나아제의 활성을 떨어뜨리면 되는데 오이 꼭지 부분의 쓴맛 성분인 큐커바이타신(cucurbitacins)은 열에 강해 익혀도 파괴되지 않으므로 잘라내고 요리하는 것이 좋다.

▶▶ 만들기

1

쫄면은 끓는 물에 삶아 찬물에 헹궈 체에 밭쳐 둔다.

2

> 물이 끓을 때까지만 굴려주고 끓으면 10분 동안 삶아 완숙을 만들어요.

달걀은 찬물에 넣고 동글동글 굴려가며 노른자가 가운데 오게 삶아 껍질을 벗겨 둔다.

3

오이, 당근, 적채는 곱게 채썬다.

4

> 콩나물에 물기가 약간 남아 있을 때 돌려요.

콩나물은 깨끗이 씻어 물기를 털고 전자레인지에 1분간 돌려 익힌다.

5

> 양파를 강판에 갈고 나머지 양념재료를 넣어 섞어도 돼요.

분량의 양념고추장 재료를 모두 넣어 블렌더에 간다.

6

그릇에 쫄면을 담고 채소와 콩나물, 달걀을 얹고 양념장을 넣으면 완성된다. 볶은 깨를 올려 낸다.

칼로리 북

레몬 • 9kcal
설탕 • 52kcal

칼로리 팁 | 설탕량을 조절하여 칼로리를 낮출 수 있어요.

레몬티

구연산이 풍부하고 비타민 C가 많아 피부미용에도 좋은 레몬티를 마셔요.
상큼한 신맛이 기분 전환에도 딱이에요~

▶▶ 준비 　　　　　　6잔분

레몬 · · · · · · · · · · · ·2개(167g)
설탕 · · · · · · · · · · · ·10(80g)

플러스 팁

레몬은 비타민 C 함량이 높다
(100g당 70mg 함유). 이는 사
과의 14배, 귤의 약 2배에 해
당하는 양이다. 비타민 C는
열에 약하므로 뜨거운 물보
다 찬물에 타먹는 것이 좋다.

▶▶ 만들기

1

과일전용세제로
씻어도 돼요.

레몬은 굵은 소금으로 문질러 씻고, 뜨
거운 물에 헹군다.

2

물기를 제거하고, 슬라이스한다.

3

레몬 사이에 설탕을 켜켜이 뿌려 재워
둔다.

4

찬물에 타서
먹어도 좋아요.

레몬의 과즙이 흘러 나와 설탕이 녹으
면 따뜻한 물에 타서 마신다.

칼로리 북

자몽 • 9kcal
키위 • 15kcal
파인애플 • 7kcal
사이다 • 38kcal

칼로리 팁 | 제로 칼로리 사이다를 넣으면 사이다로 인해 추가되는 칼로리가 없지요.

자몽프루츠펀치

토스트나 샌드위치를 먹을 때 간단한 펀치와 함께 먹어요.
과일의 상큼한 비타민을 보충할 수 있고 빵을 좀 더 부드럽게 먹을 수 있답니다.

▶▶ 준비　　　　　4인분

자몽 · · · · · · · · · · · 1/2개(150g)
파인애플 슬라이스 · · · · · 2장(130g)
키위 · · · · · · · · · · · · 1개(110g)
사이다 · · · · · · · · · · · 2컵(380g)
시럽 · · · · · · · · · · · · · · 약간

▶▶ 만들기

1

자몽은 껍질을 까서 주사위 모양으로 썰고, 키위와 파인애플도 비슷한 크기로 썬다.

2

기호에 맞게 시럽을 첨가해요.

①을 볼에 모두 넣어 섞고 사이다를 부어 고루 섞는다.

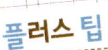

플러스 팁

새콤달콤하고 쏜맛이 나는 자몽은 열매가 포도송이처럼 열린다고 하여 그레이프 프루츠(Grape fruits)라고도 불린다. 비타민 C가 풍부한 과일이다.

칼로리 팁 | 설탕을 조절하고 사이다를 탄산수로 대체하면 그만큼 칼로리를 낮출 수 있어요.

레몬에이드

상큼한 레몬은 나른한 오후, 기분까지 상쾌하게 해 줘요!

1인분
118kcal

2/5

▶▶ 준비   1인분

레몬 · · · · · · · · · · · · · · 1개(37g)
사이다 · · · · · · · · · · · 1컵(190g)
설탕 · · · · · · · · · · · · · · 1(8g)
얼음 · · · · · · · · · · · · · · · 조금

▶▶ 만들기

1

레몬은 굵은 소금으로 문질러 깨끗이 씻는다.

2

전자레인지에 살짝 돌리면 말랑말랑해져서 즙이 더 쉽게 나와요.

반으로 잘라 즙을 짠다.

3

②의 즙에 설탕을 섞어 녹인다.

4

시원하게 준비한 사이다 1컵에 ③을 거품이 일지 않도록 섞어 레몬을 띄운다.

5

얼음을 동동 띄워 낸다.

아이스티가루 • 106kcal
홍차티백 • 0kcal
설탕 • 31kcal
레몬 • 6kcal

칼로리 팁 | 기호에 따라 설탕을 넣지 않으면 그만큼 칼로리가 줄어들어요. 대체감미료를 넣어도 칼로리를 낮출 수 있답니다.

레몬아이스홍차

홍차만 우려내어 먹기엔 떨떠름하고, 아이스티가루를 타서 마시기엔
홍차의 향이 아쉬웠다면, 이 두 가지를 합쳐 만들어 봐요.

1인분
143kcal

▶▶ 준비   1인분

물 · · · · · · · · · · · · · · · · · · ·1.5컵
홍차티백 · · · · · · · · · · · · · ·1개
레몬 슬라이스 · · · · · · · · 2장(20g)
아이스티가루 · · · · · · · · · · 4(28g)
설탕 · · · · · · · · · · · · · · · · 1(8g)
얼음 · · · · · · · · · · · · · · · · 조금

▶▶ 만들기

1

물을 끓여 홍차티백을 넣고 홍차를 충
분히 우려낸다.

2

①에 아이스티가루와 설탕을 넣어 녹
이고 냉장고에 넣어 차게 식힌다.

3

차게 식힌 홍차에 레몬 조각을 넣는다.

4

시원하게 얼음을 띄워 낸다.

칼로리 북

오렌지 • 52kcal
사이다 • 76kcal
설탕 • 31kcal

칼로리 팁 사이다 대신 칼로리가 없는 탄산수를 넣으면 칼로리가 낮아져요. 설탕을 넣지 않고 오렌지의 맛으로만 먹어도 괜찮다면 칼로리는 더욱 내려가지요.

오렌지에이드

패밀리 레스토랑에서 먹던 그 맛! 신선한 오렌지 1개를 통째로 짜 넣고 만들어요.
믿을 수 있는 홈메이드 오렌지에이드~

▶▶ 준비   1인분

오렌지 · · · · · · · · · · · · ·1개(130g)
사이다 · · · · · · · · · · · ·1컵(190g)
설탕 · · · · · · · · · · · · · · ·1(8g)
얼음 · · · · · · · · · · · · · · ·조금

플러스 팁

감귤류에 속하는 오렌지는
비타민 C의 함량이 높다. 비
타민 C는 수용성이며 열에 약
해 가열하면 파괴되므로 생
으로 먹는 것이 가장 좋다. 또
한 블렌더에 갈면 비타민 C의
파괴율이 높으므로 소금을
약간 넣어 이를 억제하거나
즙으로 짜서 먹는 것이 좋다.

▶▶ 만들기

1

오렌지는 굵은 소금으로 문질러 깨끗
이 씻은 뒤 반으로 잘라 즙을 짜 낸다.

2

껍질 안에 붙어 있는 과육은 빼서 잘게
다진다.

3

①의 과즙과 ②의 과육을 섞은 뒤 시럽
이나 설탕을 섞는다.

4

시원하게 준비한 사이다 1컵을 넣는다.

5

얼음을 동동 띄워 완성한다.

알고 먹으면 더 맛있다!
칼로리에 대해 떠도는 소문&진실

Q 칼로리가 높은 식품을 먹으면 살이 찌나요?

A 칼로리가 높은 식품이라도 조금만 먹으면 총 섭취 칼로리가 그리 높지 않아 괜찮아요. 그렇지만 고칼로리 식품을 마음껏 섭취한다면 하루 필요 칼로리를 훌쩍 넘겨서 지방으로 쌓이겠지요. 칼로리가 높은 것 자체만으로 살이 찌는 것이 아니라, 얼마만큼 섭취하는지 양도 중요해요. 각 제품에 표기된 식품성분표시를 보면 1인 분량이나 1봉이 아닌 100g당 칼로리를 제시하고 있는 경우도 있으니 기준량까지 꼼꼼히 확인하세요.

Q 점심을 푸짐하게 먹어서 배가 안고파요. 저녁은 건너뛸래요.

A 주말이나 휴일엔 늦잠을 자고 일어나 아침은 건너뛰고 친구들을 만나 패밀리 레스토랑 등에서 고지방식으로 점심을 많이 먹으면, 저녁시간이 될 때까지 배고픔을 느끼지 못할 때도 있어요. 이럴 때는 과일이나 샐러드, 두부 등의 저칼로리 식품으로 저녁을 가볍게 먹어주는 것이 좋아요.

Q 오늘 무려 3,000Kcal나 먹었으니 내일은 당연히 굶어야죠?

A 뷔페가 준비된 결혼식날, 명절연휴 등엔 넘쳐나는 음식에 식욕을 억제하지 못하고 많이 먹게되요. 다행히 한 번 많이 먹었다고 해서 체중이 바로 증가하지는 않아요. 혹 잠시 늘었다 하더라도 다시 원래의 식생활로 돌아오면 원래대로 돌아오지요. 이것은 우리 몸이 원래의 체중을 기억하고 다시 원상태로 돌아오려 하기 때문인데, 이런 폭식이 오랫동안 지속되면 우리몸은 늘어난 상태의 체중을 기억하여 불은 체중이 유지되어 버려요. 어쩌다 폭식을 했다면 그 다음 식생활을 잘 조절해야겠지요.

Q 패밀리 레스토랑에 가면 세트 메뉴에 음료 리필은 기본 아닌가요?

A 패밀리 레스토랑의 음식들 칼로리는 깜짝 놀랄 정도로 높아요. 저칼로리 메뉴라고 생각하기 쉬운 치킨샐러드도 500kcal가 넘고, 1,000kcal를 넘는 메뉴도 눈에 띄게 많지요. 대부분 이와 같은 메인메뉴에 함께 제공되는 빵(허니 버터를 또 발라먹음)과 음료를 같이 먹게 되는 것을 떠올려보면 한번 패밀리 레스토랑을 방문할 때마다 얼마나 많은 칼로리를 섭취하는지 알 수 있어요. 무제한으로 제공되는 빵과 푸짐한 메뉴들에 욕심을 부릴수록 섭취하는 칼로리는 늘어날 테니 빵은 두 조각 정도로 먹고, 샐러드는 드레싱을 과도하게 뿌려 먹지 않도록 하세요.

Q 탄수화물과 지방, 단백질은 결국 다 칼로리 아닌가요?

A 탄수화물과 단백질, 지방은 다 같이 칼로리를 내는 열량 영양소입니다. 그런데 이 중 단백질과 지방(지질)은 열량을 내는 것 말고도 중요한 고유의 기능이 있어요.

지방 1g당 9kcal를 내는 농축된 에너지원으로서 우리 몸에서는 에너지 저장고가 됩니다. 그리고 지방이 많이 들어간 음식은 일단 맛있어요. 위 안에서 오래 머물러 포만감도 주고요, 몸에 쌓인 지방은 체온을 조절하고 내장을 보호하지요(체지방이 너무 없어도 문제예요). 또한 우리 몸에 꼭 필요한 필수 지방산을 공급해 주며 지용성 비타민의 흡수를 돕는답니다.

단백질 우리 몸의 뼈와 살은 모두 단백질로 이루어져 있지요. 호르몬, 효소, 신경전달물질도 다 단백질이에요. 단백질은 혈액 안에서 체내 수분평형도 유지시켜 주고, 산염기의 평형도 유지시켜 주고, 면역체계에 사용되는 세포들의 구성성분을 이

루는 등 우리 몸을 구성하고 유지하는 모든 것에 관여하고 있어요.

Q 탄수화물이 비만의 원인이라는데, 그럼 밀가루 음식, 밥은 되도록 피해야 할까요?

A 섭취한 열량이 소비한 열량보다 많으면 여분의 에너지가 우리 몸에 지방으로 저장되어 비만이 되요. 에너지원으로 가장 좋은 탄수화물이 비만의 주범이란 오명을 뒤집어 쓴 것은, 주식으로 쌀밥을 먹는 우리가 다른 탄수화물 식품도 과잉 섭취하기 때문이에요. 우리 몸에 흡수되어 제 기능을 다 하고 남은 여분의 탄수화물이 지방으로 전환되어 저장되는 것이죠. 제한된 칼로리 내에서 탄수화물을 섭취한다면 아무 문제가 없어요. 국수와 당면, 냉면, 빵, 감자, 고구마, 묵 등 탄수화물 식품을 먹을 때에는 주식인 쌀밥의 양을 줄여 먹도록 해요. 하루에 필요한 칼로리 중 55~70% 정도로 탄수화물을 섭취하면 적당해요.

Q 밥을 잘 먹었으면 당연히 후식을 먹어야죠!

A 한때 커피전문점의 영양가표가 공개되어 인터넷 게시판을 뜨겁게 달구었던 적이 있었어요. 한 끼 식사보다 칼로리가 높은 후식에 놀란 분들이 많지요? 아이스크림과 케이크는 단순당으로 이루어져 있고, 커피의 생크림과 아이스크림의 유크림은 지방 함량이 높아요. 특히나 단순당 식품은 체내흡수가 굉장히 빨라 먹으면 혈당이 갑자기 올라가기 때문에 우리 몸은 인슐린의 도움을 받아 들어온 당분을 서둘러 지방으로 바꿔서 저장합니다. 즉, 살이 찝니다! 제대로 갖춰서 한 끼 먹고 이런 후식을 먹으면 더 많이 찌겠지요? 과일도 적당한 칼로리 내에서라면 후식으로 먹어도 되겠지만, 이미 배가 부른 상태라면 안 먹는 것이 좋아요. 후식을 즐기려면 식사는 배부르지 않게 하세요.

Q 살찌기 쉬운 식사가 따로 있다면서요?

A 1kcal라고 해서 다 같은 1kcal가 아니랍니다. 탄수화물, 단백질, 지방은 각각 그램당 칼로리가 달라요. 따라서 100kcal를 내는 데 탄수화물은 25g, 단백질은 25g, 지방은 11g이 필요합니다. 양이 다르지요?

부피에 따른 포만감을 고려하면, 지방 함유량이 높을수록 결국 더 많은 칼로리를 섭취한다는 결론이 나옵니다. 또한 똑같이 많이 먹어도 탄수화물 중심 식사가 지방 중심 식사보다는 그나마 덜 찝니다. 여분의 탄수화물이 지방으로 바뀌는 과정에서 에너지를 쓰기 때문이지요. 같은 탄수화물이라면 단순당보다 복합당질이 같은 양이라도 살이 덜 찝니다. 복합당질은 여러 소화 단계를 거쳐 흡수되기 때문에 혈당이 높아지는 속도가 느리기 때문이지요. 버터크림 〉 설탕 〉 과일 순서로 기억하세요.

Q 과일과 채소만 먹는데 살이 찔 수 있어요?

A 과일과 채소는 우리 몸에서 합성할 수 없는 비타민과 무기질을 공급해 주는 좋은 식품이지요. 하지만 과일과 채소에도 칼로리가 있기 때문에 많이 섭취하면 당연히 총 칼로리가 높아집니다. 채소는 워낙 단위당 칼로리가 낮아서 괜찮지만, 과일은 당분을 함유하고 있어 많이 먹으면 살이 찔 수 있어요.

Q 지방은 다이어트의 적! 먹지 말아야겠어요!

A 지방은 조리할 때 조금만 더 넣어도 금방 칼로리를 높여버리지만, 그렇다고 안 먹으면 안 됩니다. 지방은 우리 몸에 아주 중요한 필수지방산을 공급하는 데도 필요하기 때문이에요. 필수지방산은 세포막을 유지해 주며, 시각과 두뇌 발달에 관계가 있습니다. 하루 필요 칼로리 중에서 15~25%만큼을 지방으로 섭취하면 좋아요. 지방에도 종류가 여러 가지 있는데, 복잡한 용어 빼고 말하면 리놀렌산(α-linolenic acid)이나 리놀레산(linoleic acid) 같은 지방산은 반드시 식품으로 먹어 줘야 합니다. 리놀렌산이 몸 안에 들어가면 뇌 발달과 관련해 아주 유명한 어떤 물질로 바뀌어요. 바로 DHA랍니다. 들기름과 콩기름, 옥수수기름과 달맞이꽃 종자유 같은 기름들이 좋아요.

Q 음식마다 칼로리를 다 외우고 다닐 수도 없잖아요. 어떻게 알죠?

A 과일과 채소가 칼로리가 낮은 것은 칼로리가 '0'인 수분이 많이 들어 있기 때문입니다. 각각 80%, 90% 이상이 수분인데, 식이섬유소도 많아서 칼로리가 더 낮아요. 물과 섬유질이 많이 들어 있을수록 칼로리가 낮다고 간단히 생각하면 된답니다.

지방과 단백질은 주로 고기로 먹게 되는데, 간단히 생각해서 비계가 많은 고기일수록 지방 함유량이 많아서 칼로리가 높습니다. 지방이 많은 삼겹살과, 닭가슴살을 비교해 보세요. 척 봐도 삼겹살이 살찌는 느낌이 나지요? 섭취 칼로리를 줄이고 싶다면 지방이 적은 고기로 선택하세요.

칼로리가 낮은 식품
수분 함량이 많은 식품, 지방 함량이 적은 식품, 섬유질이 많아 거친 식품
예) 육류의 살코기, 닭가슴살, 흰살 생선, 해산물, 채소, 과일, 두부, 묵, 우무, 천사채, 해조류

칼로리가 높은 식품
지방함량이 많은 식품, 수분 함량이 적은 식품, 가공식품류
예) 기름진 육류, 버터, 마가린, 아이스크림, 튀김 음식, 초콜릿, 마요네즈, 빵·과자류

Q 고기 좋아하는 사람이 살이 더 많이 찌죠?

A 단백질 식품이라고 해서 먹으면 바로 몸에 단백질의 상태로 저장되는 것이 아닙니다. 탄수화물과 마찬가지로, 쓰고 남으면 지방으로 바뀌어요. 다시 말해 밥이든 고기든 필요량 이상으로 많이 먹으면 결국 체지방으로 전환되어 저장되므로 살이 찝니다. 몇 번이고 말하지만, 많이 먹으면, 찝니다! 다만 단백질보다 지방이 더 잘 찌는데, 체지방으로 전환되기 위한 분해와 합성 과정이 따로 필요 없으므로 에너지 소모가 적어 체지방으로 축적되는 양이 더 많기 때문이에요.

Q 칼로리 걱정에 조금 먹으면 금방 배가 고파요!

A 먹는 양을 줄이면 모자라서 더 먹고 싶게 마련이지요. 이럴 땐 식이섬유소가 많이 포함된 식품이 좋아요. 칼로리가 낮으면서 포만감을 준답니다. 식이섬유는 두 가지로 나뉘는데, 물과 친한 것과 친하지 않은 것입니다. 전자로는 펙틴(pectin)과 검(gum)이 있는데 주로 과일에 있어요. 이들은 위장과 소장에서 물을 먹고 부풀어서 오래 머무르며 영양소의 소화흡수를 늦춥니다. 그래서 포만감을 줘요. 후자로는 셀룰로오스(cellulose) 등이 있는데, 이들은 변의 장 통과시간을 빠르게 하며 변의 양을 증가시켜 변비예방에 도움을 준답니다.

Q 올리브유는 몸에 좋다던데 많이 먹어도 되지 않아요?

A 올리브유가 몸에 좋은 건 사실이지요. 열을 가하지 않고 정제도 안 하기 때문에 천연 항산화물질인 토코페롤, 폴리페놀 등이 그대로 들어 있어 노화방지에 도움이 됩니다. 혈중의 나쁜 콜레스테롤(LDL) 수치는 낮추고 좋은 콜레스테롤(HDL)의 수치는 높이므로 고혈압, 동맥경화증, 심장병 등의 예방에 좋고요. 이처럼 좋은 기름이지만, 그래 봐야 지방은 지방! 다른 기름들과 마찬가지로 1g당 9kcal의 고칼로리를 내므로 적절히 먹어야 합니다.

Q 떡볶이 양념국물에 칼로리가 많다고요?

A 음식에서 무시할 수 없는 것이 국물에 들어가는 각종 양념의 칼로리랍니다. 고추장은 100g당 217kcal, 설탕은 387kcal, 물엿은 293kcal를 내지요. 졸아들어 걸쭉해진 양념이라면 한 숟가락당 칼로리는 더욱 늘어나겠죠? 양념을 골고루 묻혀먹는 사람이 그렇지 않은 사람보다 더 많은 칼로리를 섭취하게 됩니다. 샐러드나 샌드위치에 들어가는 토마토케첩은 100g당 117kcal인 반면, 마요네즈는 무려 707kcal나 된다는 것도 함께 기억하세요.

Q 칼로리 계산이 너무 어려워요! 간단히 칼로리를 계산할 수 없나요?

A 한국영양학회에서 고안한 식사구성안의 '식품군별 대표식품의 1인 1회 분량(10페이지참조)'을 활용하면 자신이 먹은 음식의 칼로리를 눈대중으로 구할 수 있어요. 예를 들어 식빵 2장을 토스트하고 달걀을 식용유 1작은술을 둘러 프라이하여 얹은 뒤, 치즈 1장과 양상추 70g을 얹고 마요네즈 1작은술을 뿌려 귤 1개, 우유 1잔과 함께 먹었다고 하면 다음과 같답니다.

> **식빵 2장** 곡류 및 전분류 1회분 → 300kcal
> **달걀 1개** 고기, 생선, 달걀, 콩류 1회분 → 80kcal
> **식용유 1작은술** 유지, 견과 및 당류 1회분 → 45kcal
> **치즈 1장** 우유 및 유제품류 1회분 → 63kcal
> **양상추 70g** 채소류 1회분 → 15kcal
> **마요네즈 1작은술** 유지, 견과 및 당류 1회분 → 45kcal
> **귤 1개** 과일류 1회분 → 50kcal
> **우유 1잔** 우유 및 유제품류 1회분 → 125kcal
> **합계** 723kcal

Q 체중 1kg을 빼려면 몇 칼로리를 써야 할까요?

A 체지방 1kg은 약 7,700kcal를 냅니다. 하루에 500kcal씩 적게 섭취하거나 운동으로 그만큼 소비하면 1달에 −14,000kcal가 되어 약 2kg을 뺄 수 있지요. 500kcal는 밥 1.5공기에 해당하므로 먹는 것만으로는 줄이기 힘들다면 음식으로 300kcal(밥 1공기)를 줄이고, 운동으로 200kcal를 소비하는 등의 방법이 있습니다. 한 가지 음식만을 먹는 원푸드 다이어트나 단식은 영양 불균형과 요요 현상의 문제점이 있으므로 올바른 체중감량법이 아닙니다. 음식의 섭취를 극도로 제한하면 기초대사량이 낮아져 오히려 더 살이 잘 찌기 쉬운 체질로 변해 버립니다. 급하게 마음먹지 말고, 식사조절과 운동을 겸하여 느긋하게 꾸준히 실천하는 것이 현명한 다이어트라는 사실을 기억하세요.

Q 밥 대신 군것질로 칼로리를 섭취해도 똑같지 않아요?

A 똑같은 칼로리라도 음식의 질을 따져서 먹어야 해요. 가장 큰 차이는 제대로 차린 밥에는 칼로리를 내는 영양소 말고도 우리 몸이 원하는 비타민과 무기질 등 각종 영양소가 들어 있다는 것입니다. 특히 제대로 차린 한식밥상이 좋아요. 그리고 한식밥상은 수분함량이 높아 부피가 커서 포만감이 큰 반면, 과자는 극히 소량의 수분만 함유하고 있어 부피가 작아 포만감이 적습니다. 그래서 더 많이 먹게 되니 더더욱 좋지 않아요.

Q 무설탕, 무가당, 제로칼로리 식품은 칼로리가 없는 거죠?

A 시중에 판매되고 있는 식품 중에 '무설탕', '무가당'이라고 적혀 있는 것이 있는데, 속으면 안 됩니다. '무설탕' 식품은 설탕을 넣지 않았다는 뜻일 뿐, 대부분 설탕물과 별 다를 바 없는 액상과당이나 포도당, 올리고당 등으로 단맛을 내며 칼로리도 낮지 않아요. '무가당' 식품은 가공 과정 중에 따로 당을 첨가하지 않았을 뿐 자연식품 자체의 당분은 그대로 남아 있어 '無糖'이 아니므로 자체 당분으로 인한 칼로리가 있습니다. 제로칼로리 식품은 식품의약품안전청 식품표기법에 따라 100㎖당 5kcal 이하일 때에는 '0' 칼로리로 표기할 수 있으므로 말 그대로 칼로리가 '0'인 것이 아닙니다.

INDEX

칼로리를 조절하는 똑똑한 레시피

발행일 초판 1쇄 2010년 4월 5일

글 · 요리 · 사진 풀티앤(김미경)

발행인 김상규
본부장 이순영
편집장 김미현
책임편집 황재희
편집 손영선 김은정 유혜리
마케팅 공태훈 김동현 신영병 안영애 권성우

진행 · 교정 · 교열 북코디네이션
디자인 Design group All(02-776-9862)
일러스트 최제희
출력 트리콤
인쇄 미래프린팅

발행처 중앙북스(주)
등록 2007년 12월 13일 제2-4561호
주소 서울시 중구 순화동 2-6번지 우편번호 100-732
전화 1588-0950
팩스 02-2000-6174
홈페이지 www.joongangbooks.co.kr

ⓒ김미경, 2010
ISBN 978-89-278-0020-0   13590